家装选材
一本就 GO

李吉章 编著

U0299916

中国电力出版社
CHINA ELECTRIC POWER PRESS

内容提要

本书用图文混排的方式全面列举了目前我国装修所用到的主流装饰材料，是装饰材料市场前沿代表。本书共分为19章，将装饰材料细分为200多个品种，详细讲解了每种材料的认识、鉴别、选购、价格等问题。本书收录的材料全面、真实，表述严谨，并且采用了极具创新意义的内容构架和图片版式，能满足材料选购中的多种需求。本书适合即将进行装修或正在装修的业主阅读，同时也是家居装饰设计师、设计专业教师和学生、装修施工人员、装修材料生产销售商的重要参考资料。

图书在版编目（CIP）数据

家装选材一本就go / 李吉章编著. -- 北京：中国电力出版社，2018.1
ISBN 978-7-5198-0854-9

Ⅰ．①家… Ⅱ．①李… Ⅲ．①住宅－室内装修－装修材料－基本知识 Ⅳ．①TU56

中国版本图书馆CIP数据核字（2017）第142394号

出版发行：中国电力出版社
地　　址：北京市东城区北京站西街19号（邮政编码100005）
网　　址：http://www.cepp.sgcc.com.cn
责任编辑：乐　苑　联系电话：010-63412380
责任校对：马　宁
装帧设计：郝晓燕
责任印制：杨晓东

印　　刷：北京盛通印刷股份有限公司
版　　次：2018年1月第一版
印　　次：2018年1月北京第一次印刷
开　　本：710毫米×1000毫米 16开本
印　　张：18.75
字　　数：366千字
定　　价：78.00元

前言 FOREWORDS

材料是建筑装饰设计的物质基础，其中家装材料的门类十分复杂，要将所有材料完整统计下来，是一件非常不简单的事情。建筑装饰材料新品迭出、日新月异，给当前设计、施工带来诸多挑战，这就需要一本全新、简明的书来概括。本书将常规装修中所需的基本材料列举出来并做了详细的介绍。

家装需要比较专业的技术，而且全程选用的材料多种多样，工序复杂，所以全套装修下来需要花费的时间长、费用高，并且难以保证质量。在家装中，普通业主可能对于其他方面很难快速掌握，但是最容易快速且深入掌握的首先是各种材料的选购。现代家装材料品种丰富多样，我们应该基本熟悉材料的名称、特性、用途、规格、价格、鉴别方法等几个方面的内容。同一种用途的材料可能针对不同住宅有对应的不同的材料，并且同一种材料又会有多种不同规格，同一种规格的材料又有不同类型。了解清楚各类材料就可以根据个人需要选购适合自己的材料，避免买到不适合的材料耽误工程进度，也可以根据本书提供的参考价格挑选不同档次的材料，避免上当受骗。

本书分为 19 章，图文结合，清楚明了地列举了材料的鉴别、选购方法，附带600 张左右的真实案例图片，并为每种材料配上应注意的小贴士。详细讲解了每种施工项目的材料选购，使读者能够更加轻松地阅读与学习。全书分类细致，讲解全面，图文并茂，适合准备装修或正在装修的业主阅读，同时也可以作为装修施工员和项目经理的参考资料。

本书有以下同仁参与编写（排名不分先后），在此表示感谢：张颢、向芷君、戴陈成、叶伟、刘峻、刘忍方、向江伟、董豪鹏、陈全、黄登峰、万丹、万阳、张慧娟、李平、汤留泉、柏雪、李鹏博、曾庆平、李俊、姚欢、闫永祥、杨清、王江泽、袁倩、刘涛、姚丹丽、肖利、刘星、王光宝。

编者

目录

CONTENTS

1

基础装饰材料

1.1 粉煤灰砖

　　粉煤灰砖是以粉煤灰、渣和生石灰、电石渣、磷石膏等为主要原料，以建筑垃圾、水淬矿渣、磷渣、粉煤灰陶粒、煤矸石、煤渣等作为骨料，高分子复合型化工原料为外加剂，经过原材料加工、搅拌、消化、轮碾，压制或振动成型，免烧、常压或高压蒸汽养护而成的一种水硬性硅铝酸盐类墙体材料。

　　粉煤灰砖的外观方正，颜色为本色，即青灰色，也可以根据用户需要加入颜料做成多种彩色砖。根据粉煤灰砖强度指标中的规定，按其外观质量、强度等级、抗冻性和干燥收缩值，分为优等品、一等品、合格品三个等级，在用于基础或用于易受冻融和干湿交替作用的建筑部位时，必须采用一等品或优等品。粉煤灰砖的抗折抗压强度，主要根据生产工艺、配方和水化水热合成反应方式，以及建筑需要来决定。国家规定其抗折强度平均值须为 2.5 ～ 6.2MPa，抗压强度为 10 ～ 30MPa。粉煤灰砖表观密度小，导热系数小，对改善建筑功能，降低建造成本有利。但是粉煤灰砖不能用于长期受急冷急热的环境，或用于有酸性物质侵蚀的部位。粉煤灰砖的基础规格为 240mm×115mm×53mm，密度为 1500kg/m³ 左右。在生产中可以调整模具，生产成其他规格的砌块，如 880mm×380mm×240mm 等尺寸。

小贴士　国家已明令限制生产和使用黏土砖，粉煤灰砖属于环保节能型的新型建筑材料，是黏土砖最佳的替代产品，目前广泛用于各种墙体与构造砌筑。

材料选购

由于粉煤灰砖用量大，各地生产质量不均衡，业主在选购粉煤灰砖时要注意鉴别质量的优劣。组成粉煤灰砖的颗粒一般为球状体，颗粒形体统一且比较光滑。劣质产品会掺入过多细磨砂粉、石粉、锅炉渣粉，导致不规则颗粒较多，手感粗糙，颜色偏黑黄或白色。选购时可以随意挑选几块砖，仔细比较尺寸，优质的产品应该无任何尺度误差，棱角方正平直，用尺测量各项尺寸误差应该为 2 ~ 3mm。

1.2 煤矸石砖

煤矸石砖的主要成分是煤矸石，它是在采煤与洗煤过程中排放的固体废物，生产成本较普通黏土砖低，用煤矸石制砖不仅节约土地，还能消耗大量矿山废料，是一种环保、低碳材料。

煤矸石砖按孔洞率可以分为实心砖、多孔砖、空心砖三种，其中实心砖是无孔洞或孔洞率小于25%的砖，多孔砖的孔洞率大于或等于25%，空心砖的孔洞率大于或等于40%。孔的尺寸小而数量多的砖，常用于承重部位，强度等级较高。孔的尺寸大而数量少的砖，常用于非承重部位，强度等级偏低。煤矸石砖的整体强度没有黏土砖高，但是并不影响住宅装修中的墙体、构造的承重性能。目前，煤矸石砖生产厂家不计其数，具体产品的规格与黏土砖一致，但是在装修中用于墙体砌筑的煤矸石砖规格多为200mm×120mm×55mm，密度为1300kg/m³。

小贴士　煤矸石砖的环保性是指在生产工艺与材料来源上具有节能效应。

材料选购

在选购时要注意煤矸石砖是否具有辐射性，全国各地的煤矸石材料来源不同，关于这一点要查看厂家的生产资格与执行标准。虽然多数厂家的原料与产品都具备合格标准，但是为了使用安全，煤矸石砖一般不建议用于室内墙体的砌筑，多用于住宅庭院、户外构造砌筑。

黏土砖 1.3

　　黏土砖是最传统的砖材，是以黏土为主要原料，经泥料处理、成型、干燥、焙烧而成，又称为烧结砖。黏土砖原料就地取材，价格便宜，经久耐用，还有防火、隔热、隔声、吸潮等优点，在装修工程中一直都使用广泛，其中废碎砖块还可以用于制作混凝土。但是黏土砖的砖块小、自重大、耗土多。

　　标准黏土砖的规格为240mm×115mm×53mm。每块砖干燥时约重2.5kg，吸水后约为3kg。此外还有空心砖与多孔砖，空心砖的规格为190mm×190mm×190mm×90mm，密度为1100kg/m³。多孔砖的规格为240mm×115mm×90mm，密度为1400kg/m³。

小贴士　　部分地区开采黏土会占用耕地。因此，黏土砖目前多用于就地取材的村镇的住宅装修。

材料选购

　　选购普通黏土砖时，应该注意外形，砖体要平整、方正，外观无明显弯曲、缺棱、掉角、裂缝等缺陷，敲击时发出清脆的金属声，色泽均匀一致。虽然目前城市已经禁止销售黏土砖了，但是很多业主仍然持传统观念，认为黏土砖质量优异，故而四处打听购买建筑拆迁的旧砖。但其实旧砖受潮腐蚀后质量并不稳定，在拆迁过程中还会遭到外力的撞击，强度减弱不少，因此不建议购买。

1.4 页岩砖

页岩是一种沉积岩，经过开采粉碎等处理加工后的页岩是理想的制砖原料，利用页岩资源生产高档次、高品位、高附加值烧结页岩制品，其物理和化学性能都优于黏土原料。

页岩砖具有强度高、保温、隔热、隔声等功能，页岩砖最大的优势就是与传统的黏土砖施工方法完全一样，无须附加任何特殊、施工设施、专用工具，是传统黏土实心砖的最佳替代品。页岩砖的规格与黏土砖相当，但是边角轮廓更为完整，适用于庭院地面铺装或非承重墙砌筑，属于环保材料。

页岩砖强度高，性能好。施工速度快，效率高，质量易保证。多孔砖体积通常比实心砖大 1.5~1.7 倍，而且页岩多孔砖外观尺寸偏差小，弯曲、损坏、缺棱、掉角现象明显低于黏土砖。

小贴士　由于页岩本身塑性指数优于黏土，虽然国家标准对烧结砖的尺寸偏差要求是相同的，但在实际生产中页岩砖的尺寸偏差普遍小于黏土砖。

材料选购

在选购页岩砖时要注意，页岩砖密度小，在手里掂量，会感觉比较轻。

混凝土砖

1.5

混凝土砖和砌块，是以水泥为胶凝材料，添加砂石等配料，加水搅拌，振动成型，经养护制成的具有一定孔隙的砌筑材料。混凝土砖密度一般为 500 ~ 700kg/m³，仅相当于传统粉煤灰砖的 35% 左右，相当于普通混凝土的 20% 左右，是一种轻质砌体材料，适用于住宅装修的填充墙与承重墙。使用这种材料，可以使整个建筑的自重比普通砖混结构建筑的自重降低 40% 以上。普通混凝土砖呈蓝灰色，体量较大且有多种规格，常见规格为（长 × 宽）600mm × 240mm，厚度有 80mm、100 mm、120mm、150mm 及 180mm 等多种。除了实心产品外，还有各种空心混凝土砖，用于非承重隔墙。

在现代住宅装修中，一般采用表面染色的彩色混凝土砖，用于户外庭院的地面铺装，其坚固耐磨的特性可以保持地面铺装的平整度，色彩变化丰富，整体造价也比常规天然石材、地砖要低很多。

小贴士　加气混凝土砌块墙的转角处，应使纵横墙的砌块相互搭砌，隔皮砌块露端面。加气混凝土砌块墙的丁字交接处，应使横墙砌块隔皮露端面，并坐中于纵墙砌块。

材料选购

选购混凝土砖时应主要观察砖块的截断面，其内部碎石的分布应当均匀，不能大小不一，且碎石与水泥之间无明显孔隙，此外，彩色混凝土砖颜色的渗透深度应大于或等于 10mm，避免使用中因磨损而褪色。

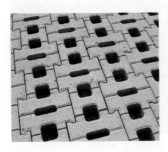

1.6 石膏砌块

石膏砌块是以建筑石膏为主要原材料，经加水搅拌、浇注成型和干燥制成的轻质建筑石膏制品。生产中允许加入纤维增强材料或轻集料，也可加入发泡剂。它具有隔声防火、施工便捷等多项优点，是一种低碳环保、健康、符合时代发展要求的新型墙体材料。石膏切块具有安全、舒适、快速、环保、不易开裂、加工性好、性价比高等优点。

石膏砌块常见规格为长 600mm，高 500mm，宽度有 60mm、80 mm、90mm、100mm、120mm、150mm、200mm 等多种。根据原材料来源和制作工艺的不同，每个厂家的产品价格都有不同，以 100mm 厚和 200mm 厚空心砌块为例，100mm 厚空心砌块出厂价格一般为 40 元 / m²（400 元 /m³）左右，200 厚空心砌块价格为 70 元 / m²（350 元 /m³）左右。

小贴士 石膏砌块墙体砌筑完毕后，应用石膏腻子将缺损和空洞补平。

材料选购

选购石膏砌块时，应选择耐水性强的，石膏砌块是一种微溶于水的物质，在可能与水接触的地方，必须采取严密的防水措施。如生产砌块时，在配料中加防水剂或防水掺和料，根据可能与水接触的范围，在隔墙上作局部或全部的防水贴面或涂层。

砂 **1.7**

砂是指在湖、海、河等天然水域中形成与堆积的岩石碎屑，如河砂、海砂、湖砂、山砂等，一般粒径小于 4.7mm 的岩石碎屑都可以称之为建筑、装修用砂。

用于家居装修的砂主要是河砂，河砂质量稳地，一般含有少量泥土。在施工过程中，河砂需要用网筛过才能使用，网孔的内径边长一般为 10mm 左右。水泥砂浆、混凝土中的砂用量占 30% ~ 60%，河砂的密度为 2500kg/m³。砂的粗细程度是指不同粒径的砂粒混合在一起的平均粗细程度，通常有粗砂、中砂、细砂、特细等 4 种，用于家居装修多为中砂。运输成本是影响河砂价格的唯一因素，在大中城市，河砂价格为 200 元 /t 左右，也有经销商将河砂过筛后装袋出售的，每袋约 20kg，价格为 5 ~ 8 元。

在现代装修中，一般建议只用河砂，海砂中的氯离子会对钢筋、水泥造成腐蚀，影响砌筑或铺贴的牢固度，造成墙面开裂、瓷砖脱落等不良影响。

小贴士　可以取少量砂用舌尖舔一下，通过咸味判断是否为海砂。

材料选购

建议在选购河砂时，注意观察砂的外观色彩，呈土黄色的为河砂，呈土灰色的为海砂，河砂中有少量泥块，而海砂中则有各种海洋生物，如小贝壳、小海螺等。

1.8 普通水泥

　　普通水泥是由硅酸盐水泥熟料、石膏、10% ~ 15%混合材料等磨细制成的水硬性胶凝材料，又称为普通硅酸盐水泥。普通水泥的密度为 3100kg/m³，水泥颗粒越细，硬化得越快，早期强度也就越高。

　　普通硅酸盐水泥具有硬化快、强度高、水化热大、抗冻性好、干缩性小、耐磨性好等优点，普遍应用于建筑工程，但同时也具有耐腐蚀性差、耐热性能差等不足。国家标准对普通硅酸盐水泥的技术要求十分严格，初凝时间不得早于 45min，终凝时间不得迟于 10h，根据抗压和抗折强度，将硅酸盐水泥划分为 32.5 级、42.5 级、52.5 级、62.5 级四个强度等级。

　　在家居装修基础工程中，砌筑墙体，浇筑梁、柱等都要用到水泥，它不仅可以增强饰面材料与基层的吸附力，还能保护内部构造。在使用中要按照要求搭配砂的比例，如墙面瓷砖铺贴，可以选用 1：1 水泥砂浆或素水泥。普通硅酸盐水泥的用量很大，主要用于墙体构造砌筑、墙地砖铺贴等基础工程，一般都采用编织袋或牛皮纸袋包装的产品，包装规格为 25kg/ 袋，32.5 级水泥的价格为 20 ~ 25 元 / 袋。

小贴士　运输时要注意防潮、防雨、防破损，水泥仓库应保持干燥，屋面、外墙不得漏水，水泥储存期超过3个月，会使强度降低10%～20%，时间越长水泥的强度损失越大。

材料选购

选购水泥时，首先考虑当地知名品牌，避免假冒伪劣产品。然后，查看包装时即可从外观上识别产品质量，看是否采用了防潮性能好、不易破损的编织袋，看标识是否清楚、齐全。接着，打开包装观察水泥，水泥的正常颜色应该呈现蓝灰色，颜色过深或发生变化有可能是其他杂质过多。用手握捏水泥粉末应有冰凉感，粉末较重且比较细腻，不应该有各种不规则杂质或结块形态。最后，询问并观察厂商的存放时间，一般水泥超过出厂日期30天后强度就会下降。储存3个月后的水泥强度会下降15%～25%，1年后降低30%以上，这种水泥不应该购买。

1.9 白水泥

白水泥的全称是白色硅酸盐水泥，是将适当成分的水泥生料烧至部分熔融，加入以硅酸钙为主要成分且铁质含量少的熟料，并掺入适量的石膏，磨细制成的白色水硬性胶凝材料。白水泥多为装饰性用，而且它的制造工艺比普通水泥要好很多。主要用来填各种缝隙，一般不用于墙面，原因就是强度不高。白水泥的典型特征是拥有较高的白度，色泽明亮，一般用作各种建筑装饰材料，典型的有粉刷、雕塑、地面、水磨石制品等，白水泥还可用于制作白色和彩色混凝土构件，是生产规模最大的装饰水泥品种。

白水泥在建材市场或装饰材料商店有售，传统包装规格为50kg/袋，但是现代装修用量不大，包装规格与价格也不一样，一般为2.5～10kg/袋，2～3元/kg，掺有特殊添加剂的白水泥会达到5元/kg。

材料选购

白水泥的应用方法与选购要点与普通水泥相同，只是装修业主更要注意包装上的名称、强度等级、白度等级、生产时间等信息，最好选购近一个月内新进生产的新鲜小包装产品，而且要特别注意包装的密封性，不能受潮或混入杂物，不同标号与白度的水泥应分别储运，不能混杂使用。

普通混凝土

1.10

　　普通混凝土具有原料丰富，价格低廉，生产工艺简单的特点，因而用量越来越大。同时，混凝土还具有抗压强度高，耐久性好，强度范围广等特点。

　　用于家居装修的普通混凝土密度一般为 2500kg/m³，普通混凝土主要用于浇筑室内增加的地面、楼板、梁柱等构造，也可以用于成品墙板或粗糙墙面找平，在户外庭院中可以用于浇筑各种小品、景观、构造等物件。普通混凝土的施工成本较高，以室内浇筑架空楼板为例，配合钢筋、模板等施工费用，一般为 800 ～ 1000 元 /m²。如果在施工中受环境或气候条件的限制不能在现场调配混凝土，可以向当地水泥厂购买成品混凝土，质量会更稳定。

材料选购

　　混凝土强度等级是标志混凝土的抗压强度、抗冻、抗渗等物理力学性能的指标。混凝土强度等级是指按标准方法制作、养护的边长为 200mm 的立方体标准试件，在 28 天龄期用标准试验方法所测得的抗压极限强度，以 MPa（N/mm²）计。用于住宅装修的混凝土强度通常采用 C15、C20、C25、C30，数据越大说明混凝土的强度越高。

1.11 装饰混凝土

装饰混凝土是近年来一种流行于国外的绿色环保材料，通过使用特种水泥、颜料或选择颜色骨料，在一定的工艺条件下制得的混凝土。因此，它既可以在混凝土中掺入适量颜料或采用彩色水泥，使整个混凝土结构（或构件）具有色彩，又可以只将混凝土的表面部分设计成彩色的。这两种方法各具特点，前者质量较好，但成本较高；后者价格较低，但耐久性较差。

装饰混凝土能在原本普通的新、旧混凝土的表层，通过色彩、色调、质感、款式、纹理的创意设计，对图案与颜色进行有机组合，创造出各种天然大理石、花岗岩、砖、瓦、木地板等天然石材铺设效果，具有美观自然、色彩真实、质地坚固等特点。

装饰混凝土用的水泥强度等级一般为 42.5 级，细骨料应采用粒径小于或等于 1mm 的石粉，也可用洁净的河砂代替。颜料可以用氧化铁或有机颜料，要求分散性好、着色性强。骨料在使用前需用清水冲洗干净，防止杂质干扰色彩的呈现。

小贴士 砌筑时应避免砂浆污染，主体工程结束后应注意表面清扫。

材料选购

在选购装饰混凝土时，要注意颜色的饱和度及质感，要选择颜色饱和度高和质感较好的产品。

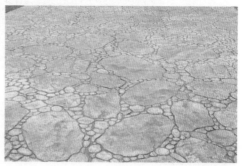

料石 1.12

料石，也称条石，是由人工或机械开拆出的较规则的六面体石块，用来砌筑建筑物用的石料。按其加工后的外形规则程度可分为：毛料石、粗料石、半细料石和细料石四种。按形状可分为：条石、方石及拱石。

料石一般分为毛料石：外观大致方正，一般不加工或者稍加调整。料石的宽度和厚度不宜小于 200mm，长度不宜大于厚度的 4 倍，叠砌面和接砌面的表面凹入深度不大于 25mm。粗料石：规格尺寸同上，叠砌面和接砌面的表面凹入深度不大于 20mm，外露面及相接周边的表面凹入深度不大于 20mm。细料石：通过细加工，规格尺寸同上，叠砌面和接砌面的表面凹入深度不大于 10mm，外露面及相接周边的表面凹入深度不大于 2mm。粗料石主要应用于建筑物的基础、勒脚、墙体部位，半细料石和细料石主要用作镶面的材料。

小贴士 毛石砌体的内应力较砖砌体更复杂，砌体的抗压强度比石材强度低，应用范围受到较大局限。

材料选购

选购料石时，应注意观察其外观和用料，尽量选择知名的生产厂家。

1.13 轻钢龙骨

　　轻钢龙骨是采用冷轧钢板（带）、镀锌钢板（带）或彩色涂层钢板（带）由特制轧机以多道工序轧制而成的，它具有强度高、耐火性好、安装简易、实用性强等优点。轻钢龙骨按照材质分为镀锌钢板龙骨与冷轧卷带龙骨；按照龙骨断面分为 U 型龙骨、C 型龙骨、T 型龙骨及 L 型龙骨。轻钢龙骨可以安装各种面板，配以不同材质、不同花色的罩面板，如石膏板、吊顶扣板等，一般用于主体隔墙与大型吊顶的龙骨支架既能改善室内的使用条件，又能体现不同的装饰风格。目前，具有代表性的就是 U 型龙骨与 T 型龙骨。

　　轻钢龙骨的承载能力较强，且自身重量很轻，以吊顶龙骨为骨架，与 9mm 厚的纸面石膏板组成的吊顶质量为 8kg/m² 左右，比较适合面积较大的客厅吊顶装修。U 型轻钢龙骨通常由主龙骨、中龙骨、横撑龙骨、吊挂件、接插件与挂插件等组成。C 型龙骨主要配合 U 型龙骨使用，作为覆面龙骨使用。T 型龙骨又被称为三角龙骨，只作为吊顶专用，T 型吊顶龙骨分为轻钢型与铝合金型两种，过去绝大多数是用铝合金材料制作的，近几年又出现烤漆龙骨与不锈钢面龙骨等。

　　隔墙龙骨配件按其主件规格分为 Q50、Q75、Q100，吊顶龙骨按承载龙骨的规格分为 D38、D45、D50、D60。家居装修用的轻钢龙骨的长度主要有 3m 与 6m 两种，特殊尺寸可以定制生产。价格根据具体型号来定，一般为 5 ~ 10 元 /m。

小贴士　轻钢龙骨主要用于家居室内隔墙、吊顶，可按设计需要灵活选用饰面材料，装配化的施工能够改善施工条件，降低劳动强度，加快施工进度，并且具有良好的防锈、防火性能，经试验均达到设计标准。

材料选购

选购轻钢龙骨时，应该注意外观质量，龙骨外形要平整，棱角清晰，切口不允许有影响使用的毛刺与变形，镀锌层不许有起皮、起瘤、脱落等缺陷。优等品不允许有腐蚀、损伤、黑斑、麻点等缺陷，一等品与合格品应该无较为严重的腐蚀、损伤、麻点，面积小于 1cm² 的黑斑，每米长度内应少于 5 处。龙骨双面镀锌量应大于或等于80g/m²。

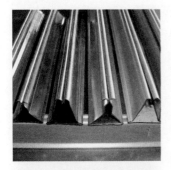

1.14 木龙骨

木龙骨俗称为木方，即主要由松木、椴木、进口烘干刨光等木材加工成的截面为长方形或正方形的木条。木龙骨有多种型号，用于撑起外面的装饰板，起支架作用。木龙骨容易造型，握钉力强，易于安装，特别适合与其他木制品连接，当然由于是木材，它的缺点也很明显：不防潮，容易变形，可能生虫、发霉等。

木龙骨要根据使用部位不同而采取不同尺寸的截面，用于室内吊顶、隔墙的主龙骨截面尺寸为 50mm×70mm 或 60mm×60mm，而次龙骨截面尺寸为 40mm×60mm 或 50mm×50mm。用于轻质扣板吊顶或实木地板铺设的龙骨截面尺寸为 30mm×40mm 或 25mm×30mm。木龙骨的长度主要有 3m 与 6m 两种，其中 3m 长的产品截面尺寸较小。30mm×40mm 的木龙骨价格为 1.5～2元/m。

小贴士　在客厅等房间吊顶使用木龙骨时，由于会有电线在里面，所以最好涂上防火涂料。

材料选购

购买木龙骨时会发现商家一般是成捆销售，这时一定要把捆拆开一根根挑选。注意选择干燥的，湿度大的木龙骨以后非常容易变形开裂。选择结疤少、无虫眼的，否则以后木龙骨很容易从这些地方断裂。把木龙骨放到平面上，挑选无弯曲、平直的。

砂纸

1.15

　　砂纸又被称为砂皮，是一种专门用于研磨的损耗辅助材料，主要用来研磨装修中的各种金属、木材、涂料、油漆等材料的表面，以使其光洁平滑。砂纸的基层原纸一般采用未漂硫酸盐木浆制成。纸质强韧，耐磨耐折，并有良好的耐水性。砂纸是将玻璃砂等研磨物质用树胶等胶粘剂粘贴在基层原纸上，经干燥而成。

　　根据不同研磨物质，砂纸主要有金刚砂纸、玻璃砂纸、干磨砂纸、耐水砂纸等多种。在家居装修中，应用最多是干磨砂纸与耐水砂纸，其中干磨砂纸又被称为木砂纸或粗砂纸，主要用于磨光木、竹材表面。耐水砂纸又称为水砂纸，质地细腻，可以用在水中或油中磨光金属或非金属构造表面，适用于干燥后的油漆、涂料表面。砂纸的规格为 230mm×280mm，一般为 0.5 ~ 2 元 / 张。

小贴士　　砂纸的型号很多，以号（#）或目来区分，它是指磨料的粗细及每平方英寸的磨料数量或筛网的孔数，号（#）越高，磨料就越细，磨料的数量就越多。

材料选购

　　在选购时需要注意鉴别质量。优质产品的纸张基层较厚，不容易弯曲或折断，有手指或手掌触摸砂纸，会有明显但很轻微的刺痛感。此外，优质砂纸带有一定的静电，崭新的砂纸彼此会相互吸附。

2

给水排水管

2.1 PP-R管（管材、管件）

　　PP-R供水管又称为三聚丙烯管，采用无规共聚聚丙烯材料，经挤出成型，注塑而成的新型管件，在室内外装饰工程中取代了镀锌管。

　　PP-R管具有质量轻、耐腐蚀、不结垢、保温节能、使用寿命长的特点。PP-R管的软化点为131.5℃，最高工作温度可达95℃。PP-R的原料分子只有碳、氢元素，没有毒害元素存在，卫生、可靠。此外，PP-R管物料还可以回收利用，PP-R废料经清洁、破碎后回收利用于管材、管件生产。PP-R管每根长4m，管径为20～125mm不等，并配套各种接头。

　　PP-R管不仅用于冷、热水管道，还可用于纯净饮用水系统。PP-R管在安装时采用热熔工艺，可做到无缝焊接，也可埋入墙内，它的优点是价格比较便宜，施工方便。

小贴士　　近年来，随着市场的需求，在PP-R管的基础上又开发出铜塑复合PP-R管、铝塑复合PP-R管、不锈钢复合PP-R管等，进一步加强了PP-R管的强度，提高了管材的耐用性。

材料选购

我国各地都有生产 PP-R 管的厂家，产品系列特别复杂，因此在选购时需要注意识别管材的质量。首先，观察管材、管件的外观，管材与配件的颜色应该基本一致，内外表面应该光滑、平整、无凹凸、无气泡，不应该含有可见的杂质。管材与各种配件应该不透光，多为苯白、瓷白、灰、绿、黄、蓝等颜色。然后，测量管材、管件的外径与壁厚，对照管材表面印刷的参数，看看是否一致，观察管材的壁厚是否均匀，这会影响管材的抗压性能。如果经济条件允许，可以选用 S3.2 级与 S2.5 级的产品。接着，观察 PP-R 管的外部包装，优质品牌产品的管材两端应该有塑料盖封闭，防止灰尘、污垢污染管壁内侧，且每根管材的外部均具有塑料膜包装。可以用鼻子对着管口闻一下，优质产品不应该有任何气味。最后，观察配套接头配件，尤其是带有金属内螺的接头，其优质产品的内螺应该是不锈钢或铜材，金属与外围管壁的接触应当紧密、均匀，不应该存在任何细微的裂缝或歪斜，且每个配件均应有塑料袋密封包装。

2.2 PVC 管（管材、管件）

PVC 管全称为聚氯乙烯管，是由聚氯乙烯树脂与稳定剂、润滑剂等配合后，采用热压法挤压成型的塑料管材。PVC 管抗腐蚀能力强、易于粘接、价格低、质地坚硬，适用于输送温度小于或等于 45℃的排水管道，是当今最流行且也被广泛应用的一种合成管道材料。

在家居装修中，PVC 管主要用于生活用水的排放管道，安装在厨房、卫生间、阳台、庭院的地面下，由地面向上垂直预留 100～300mm，待后期安装洁具完毕再根据需要裁切。PVC 管的规格有 40mm、50mm、75mm、90mm、110mm、130mm、160mm、200mm 等多种。管壁厚 1.5～5mm，较厚的管壁还被加工成空心状，隔声效果较好。40～90mm 规格的 PVC 管主要用于连接洗面台、浴缸、淋浴房、拖布池、洗衣机、厨房水槽等排水设备。110～130mm 规格的 PVC 管主要用于连接坐便器、蹲便器等排水设备。160mm 以上规格的 PVC 管主要用于厨房、卫生间的横、纵向主排水管的连接。以 75mm 规格的 PVC 管为例材，外部直径 75mm，管壁厚 2.3mm，长度一般为 4m，价格为 8～10 元 /m。

小贴士 此外，PVC 管还有各种规格、样式的接头配件，价格相对较高，是一套复杂的产品体系。

材料选购

　　在选购时要注意识别管材的质量。首先，观察 PVC 管表面的颜色，优质的产品一般为白色，管材的白度应该高，但要注意观察，应该并不刺眼。至于市场上出现的浅绿色、浅蓝色等有色产品多为回收材料制作，强度与韧性均不如白色产品好，仔细测量管径与管壁尺寸，看看是否与标称数据一致。然后，用手挤压管材，优质的产品不会发生任何变形，如果条件允许，还可以用脚踩压，以不开裂、破碎为优质产品。还可以用美工刀削切管壁，优质产品的截面质地很均匀，削切过程中不会产生任何不均匀的阻力。接着，可以先根据需要购买一段管材，放在高温日光下曝晒 3～5 天，如果表面没有任何变形、变色，则说明质量较好。最后，观察配套接头配件，接头部位应当紧密、均匀，不能有任何细微的裂缝、歪斜等不良现象，管材与接头配件均应该用塑料袋密封包装。

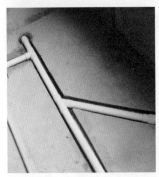

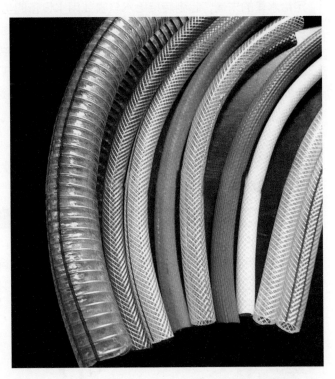

2.3 三角阀

三角阀又被称为角阀、折角水阀。由于安装在给水管末端的三角阀呈90°转角形状，且阀体有进水口、水量控制口、出水口3个口，因此而得名。现在，新型的三角阀通过不断改进，虽然还是3个口，但也有不是角形外观的了。三角阀的内部管径为15mm，外部安装直径为20mm（4分管）或25mm（6分管），适用水压力小于或等于1MPa，适用水温小于或等于90℃的冷热水。

在现代家居装修中，三角阀是必不可少的水路配件材料，它一般安装在固定给水管的末端，起到转接给水软管或用水设备的功能。如果水龙头、给水软管、用水设备等发生损坏漏水，可以将三角阀关闭后检修，不必触动入户总水阀，不影响其他管道的用水。三角阀一般安装在洗面盆、水槽、蹲便器、坐便器、浴缸、热水器等用水设备的给水处。质量较好的产品可以使用5年以上，价格一般为20～30元/件，少数高档品牌的产品价格高达100元/件以上。

小贴士 住宅小区或自来水公司提供的水压不稳时，可在三角阀上适度调节。

材料选购

三角阀的识别与保养的方法与水龙头相当，选购时，在光线充足的情况下，可将三角阀放在手里伸直后观察，表面应乌亮如镜、无任何氧化斑点、无烧焦痕迹；近看无气孔、无起泡、无漏镀、色泽均匀；用手摸无毛刺、沙粒；用手指按一下龙头表面，指纹很快散开，且不易附水垢。

给水软管 2.4

给水软管是采用橡胶管芯，在外围包裹不锈钢或其他合金丝制成的给水管。给水软管要求采用 304 型不锈钢丝，配件为全钢产品，使用年限一般在 5 年以上。在家居装修中，给水软管一般用于连接固定给水管的末端和用水设备。

给水软管规格一般以长度计算，主要有 400~1200mm 多种，间隔 100mm 为一种规格，其外径为 18mm 左右，具体测量数据因为产品质量不同存在一定偏差。长 600mm 的给水软管价格为 10~15 元 / 支。

小贴士 内管含胶量越高质量越好，抗拉力、耐爆破力等性能也更强。

材料选购

选购给水软管时，观察管身编织材质是否为不锈钢，不锈钢牌号越高说明抗腐蚀能力越强。至于区分不锈钢的具体型号，需要使用不锈钢检测试剂进行检测，一般以 304 型不锈钢钢丝为中高档产品。

2.5 排水软管

软管是现代工业中的重要部件。软管主要用作电线软管、民用淋浴软管，规格为3~150mm。排水软管主要是指用塑料或金属制成的软管，多用于排水。螺帽样式多样，材料为铜或不锈钢。接头样式设计先进，有固定型和360°旋转型，材料为铜或不锈钢。结构样式牢固，通过抗压、抗拉、抗扭测试。长度一般为1.2m、1.5m、1.8m、2m。软管规格分为14mm、16mm、17mm，表面处理一般为电解、电镀。

排水软管有以下优点：节距之间灵活；有较好的伸缩性，无阻塞和僵硬；质量轻、口径一致性好；柔软性、重复弯曲性、绕性好；耐腐蚀性、耐高温性好。防鼠咬、耐磨损性好，防止内部电线受到磨损；耐弯折、抗拉性、抗侧压性强；柔软顺滑，易于穿线安装定位。

小贴士 排水软管安装完成后，要仔细检查连接处是否漏水，以免带来不必要的麻烦。

材料选购

选购排水软管时要注意，选表面光滑光泽好、易弯曲、耐压、不易变形，纯新料的即可。

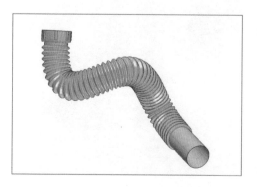

生料带

2.6

生料带俗称生胶带，是水暖安装中常用的一种辅助用品。生料带用于管件连接处，增强管道连接处的密闭性。

生料带化学名称是聚四氟乙烯，暖通和给排水中普遍使用普通白色聚四氟乙烯带，而天然气管道等也有专门的聚四氟乙烯带，其实主要原料都为聚四氟乙烯，只不过一些工艺不一样。生料带是一种新颖、理想的密封材料。由于其无毒、无味，具有优良的密封性、绝缘性、耐腐性，被广泛应用于水处理、天然气、化工、塑料、电子工程等领域。生料带采用进口材料和先进工艺生产，品质优良，规格齐全，能满足不同行业、不同客户的要求。

小贴士　　生料带又称聚四氟乙烯带，聚四氟乙烯是四氟乙烯的聚合物，英文缩写为 PTFE。

材料选购

选购时，拉出生料带用眼观察，好的生料带，首先其质地一定是非常均匀的，颜色纯净，表面平整无纹理，无杂质掺合。其次，手指指腹触摸生料带表面，感觉平整光滑，具有很强的丝滑感，且没有粘黏性。最后，轻轻纵向拉伸，带面不易变形、断裂。

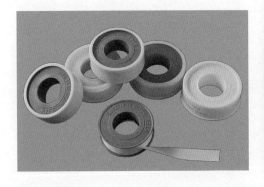

3

电线

3.1 单股电线

单股线即单根电线，又可以细分为软芯线与硬芯线，内部是铜芯，外部包裹PVC绝缘层，需要在施工中组建回路，并穿接专用阻燃的PVC线管，方可入墙埋设。为了方便区分，单股线的PVC绝缘套有多种色彩，如红、绿、黄、蓝、紫、黑、白与绿黄双色等。

单股线以卷为计量单位，每卷线材的长度标准应为100m。按铜芯截面面积的不同，1.5mm²的单股单芯线价格为100～150元/卷，2.5mm²的单股单芯线价格为200～250元/卷，4mm²的单股单芯线价格为300～350元/卷，6mm²的单股单芯线价格为450～500元/卷。

小贴士　为了方便施工，还有单股多芯线可供选择，其柔软性较好，但同等规格价格要贵10%左右。

材料选购

在选购时要注意，单股线表面应该光滑，不起泡，外皮有弹性，每卷长度应大于或等于98m，优质电线剥开后铜芯有明亮的光泽，柔软适中，不易折断。在家居装修中，单股线的使用比较灵活，施工员可以根据电路设计与实际需要进行组建回路，虽然需要外套PVC管，但是布设后更安全可靠，是目前中大户型装修的主流电线。

护套电线 **3.2**

护套线是在单股线的基础上增加了 1 根同规格的单股线，即成为由 2 根单股线组合为一体的独立回路，这 2 根单股线为 1 根火线（相线）与 1 根零线，部分产品还包含 1 根地线，外部包裹有 PVC 绝缘套统一保护。

护套线都以卷为计量，每卷线材的长度标准应该为 100m。护套线的粗细规格一般按铜芯的截面面积进行划分，一般而言，普通照明用线选用 1.5mm² 规格，插座用线选用 2.5mm² 规格，热水器等大功率电器设备的用线选用 4mm² 规格，中央空调超大功率电器可以选用 6mm² 以上规格的电线。1.5mm² 的护套线价格为 300 ~ 350 元 / 卷，2.5mm² 的护套线价格为 450 ~ 500 元 / 卷，4mm² 的护套线价格为 800 ~ 900 元 / 卷，6mm² 的单股单芯线价格为 1000 ~ 1200 元 / 卷。

小贴士 PVC 绝缘套一般为白色或黑色，内部电线为红色与彩色，安装时可以直接埋设在墙内，使用方便。

材料选购

在选购时要注意，护套线表面应该光滑，不起泡，外皮有弹性，每卷长度应大于或等于 98m，优质电线剥开后铜芯明亮光泽，柔软性适中且不易折断。

3.3 视频线

视频线又被称为视频信号传输线，是用于传输视频与音频信号的常用线材，一般为同轴线。

视频线一般分为 96 网、128 网、160 网。网是外面铝丝的根数，直接决定了传送信号的清晰度与分辨率。线材分 2P 与 4P，2P 是 1 层锡与 1 层铝丝，4P 是 2 层锡与 2 层铝丝。

视频线的一般型号为 SYV75 - X，其中 S 表示同轴射频电缆，Y 表示聚乙烯，V 表示聚氯乙烯，75 表示特征阻抗，X 表示其绝缘外径，如 3mm、5mm，数字越大线径越粗，且传输距离就越远。例如，SYV75 - 3 能正常工作的传输距离为 100m，SYV75 - 5 为 300m，SYV75 - 7 为 500 ~ 800m，SYV75 - 9 为 1000 ~ 1500m。同一规格的视频线有不同价位的产品，其中主要区别在于所用的内芯材料是纯铜的还是铜包铝的，或外屏蔽层铜芯的绞数，如 96 编（指由 96 根细铜芯编织）、128 编等，编数越多，屏蔽性能就越好。目前，常用的型号一般是 SYV75 - 5，128 编的价格为 150 ~ 200 元 / 卷，每卷 100m。

材料选购

选购时要注意，最好选择 4 层屏蔽电视线，选择电视线最重要的是看电线的编织层是否紧密，越紧密说明屏蔽功能越好，电视信号也就越清晰。也可以用美工刀将电视线划开，观察铜丝的粗细，铜丝越粗，证明其防磁、防干扰信号越好。

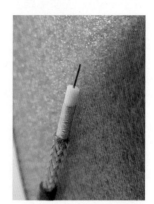

网络线 3.4

网络线是指计算机连接局域网的数据传输线，在局域网中常见的网络线主要为双绞线。双绞线采用一对互相绝缘的金属导线互相绞合用以抵御外界电磁波干扰，每根导线在传输中辐射的电波会被另一根线所发出的电波抵消，双绞线的名字由此得来。

目前，双绞线可以分为非屏蔽双绞线与屏蔽双绞线，屏蔽双绞线电缆的外层由铝铂包裹，以减小辐射，但并不能完全消除辐射，价格相对较高，安装时要比非屏蔽双绞线困难。非屏蔽双绞线直径小，节省空间，其质量轻、易弯曲、易安装，阻燃性好，能够将近端串扰减至最小或消除。

在家居装修中，从家用路由器到计算机之间的网络线一般应小于 50m，网络线过长会引起网络信号衰减，沿路干扰增加，传输数据容易出错，因而会造成上网慢、网页出错等情况，给人造成网速变慢的感觉，实际上网速并没有变慢，只是数据出错后，计算机对数据的校验与纠错时间增加了。目前常用的六类线价格为 300 ~ 400 元 / 卷。

小贴士　六类线标准中取消了基本链路模型，布线标准采用星形的拓扑结构，要求的布线距离为：永久链路的长度不能超过 90m，信道长度不能超过 100m。

材料选购

　　在选购网路线时要注意识别。首先，辨别正确的标识，超五类线的标识为cat5e，带宽155M，是目前的主流产品；六类线的标识为cat6，带宽250M，用于千兆网。正宗网络线在外层表皮上印刷的文字非常清晰、圆滑，基本上没有锯齿状。伪劣产品的印刷质量较差，字体不清晰，或呈严重锯齿状。其次，可用手触摸网络线，正宗产品为了适应不同的网络环境需求，都是采用铜材作为导线芯，质地较软，而伪劣产品为了降低成本，在铜材中添加了其他金属元素，导线较硬，不易弯曲，使用中容易产生断线。再次，可以用美工刀割掉部分外层表皮，使其露出4对芯线。其绕线应密度适中，呈逆时针方向。伪劣产品的绕线密度很小，方向也凌乱。最后，可以用打火机点燃，正宗的网络线外层表皮具有阻燃性，而伪劣产品一般不具有阻燃性，不符合安全标准。

音响线 3.5

音响线又被称为音频线、发烧线，是用来传播声音的电线，由高纯度铜或银作为导体制成，其中铜材为无氧铜或镀锡铜。音响线由电线与连接头两部分组成，其中电线一般为双芯屏蔽电线，连接头常见的有 RCA（莲花头音频线）、XLR（卡农头音频线）、TRS JACKS（俗称插笔头）。

常见的音响线由大量的铜芯线组成，有 100 芯、150 芯、200 芯、250 芯、300 芯、350 芯等多种，其中使用最多的是 200 芯与 300 芯的音响线。一般而言，200 芯就能满足基本需要。如果对音响效果要求很高，要求声音异常逼真等，可以考虑选择 300 芯的音响线。音响线在工作时要防止外界的电磁干扰，需要增加锡与铜线网作为屏蔽层，屏蔽层一般厚 1 ~ 1.3mm。常用的 200 芯纯铜音响线价格为 5 ~ 8 元 /m。

材料选购

选购时要注意，不能片面迷信高纯材料制成的音响线。现在很多顶级音响线都采用合金材料，因为每种单一材料都有声音的表现个性，材料越纯，个性越明显，不同材料的线材混合使用会在一定程度上调整音色，改善音质。品牌产品一般都用不同材质的合金材料制成。

3.6 电话线

电话线是指电信工程的入户信号传输线，主要用于电话通信线路连接。电话线表面绝缘层的颜色有白色、黑色、灰色等，外部绝缘材料采用高密度聚乙烯或聚丙烯。电话线的内导体为退火裸铜丝，常见的有 2 芯与 4 芯两种产品，2 芯电话线用于普通电话机，4 芯电话线用于视频电话机。内部导线规格为 0.4mm 与 0.5mm，部分地区为 0.8mm 与 1mm。电话线的包装规格为 100m 或 200m/ 卷，其中 4 芯全铜的电话线的价格为 150 ~ 200 元 / 卷。

小贴士　　2 芯电话线就可满足一般需求，4 芯线可满足安装两部不同号码电话机的需要，且 4 芯电话线有两根线备用，若其中一根坏了可用其他线，相对而言风险较小。

材料选购

在选购时要注意，由于电话线用量不大，因此一般建议选用知名品牌的产品，以确保质量。除此之外，还要关注导线材料，导线应该采用高纯度无氧铜，其传输衰减小，信号损耗小，音质清晰无噪，通话无距离感。关注护套材料，高档品牌产品多采用透明护套，耐酸、碱腐蚀、防老化，且使用寿命长。透明护套中的铅、镉等重金属与重金属化合物的含量极低，具有较高的环保性。

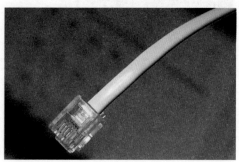

穿线管

3.7

穿线管采用聚氯乙烯（PVC）制作的硬质管材，它具有优异的电气绝缘性能，且安装方便，适用于装修工程中各种电线的保护套管，使用率达 90% 以上。

PVC 穿线管按联结形式分为螺纹套管与非螺纹套管，其中非螺纹套管较为常用。PVC 穿线管的规格有 16mm、20mm、25mm、32mm 等多种，内壁厚度一般应大于或等于 1mm，长度为 3m 或 4m。为了在施工中有所区分，PVC 穿线管有红色、蓝色、绿色、黄色、白色等多种颜色。其中 20mm 的中型 PVC 穿线管的价格为 1.5 ~ 2 元 /m。为了配合转角处施工，还有 PVC 波纹穿线管等配套产品，价格低廉，一般为 0.5 ~ 1 元 /m。

小贴士 要注意管材上标明的执行标准是否为相应的国家标准，尽量选择国家标准产品。优质管材外观应光滑、平整、色泽均匀一致，壁厚均匀。

材料选购

PVC 穿线管的选购方法与 PVC 排水管类似，具体应该根据施工要求进行选购。如果装修面积较大，且房间较多，一般在地面上布线，要求选用强度较高的重型 PVC 穿线管，而装修面积较小，且房间较少的话，可以在墙、顶面上布线，可以选用普通中型 PVC 穿线管。

3.8 电工胶带

电工胶带全名为聚氯乙烯电气绝缘胶粘带，又称为电工绝缘胶带、绝缘胶带、PVC 电气胶带等。电工胶带以聚氯乙烯薄膜为基材，涂以橡胶型压敏胶制造，它具有良好的绝缘、耐燃、耐电压、耐寒等特性，适用于电线接驳、电子零件的绝缘固定，有红、黄、蓝、白、绿、黑、透明等颜色。电工胶带价格低廉，宽度 15mm，价格为 1 ~ 2 元 / 卷，少数品牌产品为 3 ~ 5 元 / 卷，厚度较大。

小贴士 将电工胶带粘在比较光滑的材料上再揭开，以阻力均衡为佳。

材料选购

在选购电工胶带时要注意产品质量。首先，关注压敏胶的质量优劣，压敏胶必须具有足够的黏合强度，才能保证黏合后电线能正常使用。然后，注意黏度，如果黏度太大，则涂层较厚、耗胶量大、干燥减慢，直接影响到黏合强度；如果黏度太小，则涂层较薄、干燥过快、易出现黏合不良等问题。接着，注意干燥速度，电工胶带粘贴后能立即发挥作用，将电线粘接在一起，没有任何延迟，可以随时进入下一步工序。最后，关注电工胶带的抗拉伸强度，用力平直拉伸电工胶带，不应轻松断裂，应该使用刀具割断或撕裂。

钉卡 **3.9**

钉卡是应用于固定加热管的常用器件，固定管材简单、容易，手工操作简便。钉卡应用于固定加热管非常普遍。

钉卡施工速度快，由于比重比较小，质量轻，易于搬运和运输。钉卡固定安装后不会影响地热管材的发热系数，同时塑料材质，表面硬度和热膨胀系数相近，不会破坏、插伤管材。通常钉卡包装为袋装，一般为 10000 只 / 袋，可订购包装数量。

小贴士 钉卡在 −10℃的环境下任意折、卷、扭曲、冲击、重压，都不会断裂。

材料选购

在选购钉卡时，主要看塑料钉卡硬度和韧度，钉卡尖部应能顺利插进铝箔纸，插入保温层后两对倒齿迅速张开，达到最大拉力。还要检查倒齿的力学角度是否合理，倒齿太短、太硬或倒齿间距过大造成用力时倒齿翻转，就挂不住保温层，增加了钉卡使用量，降低了施工效率。

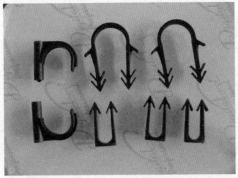

4

石材

4.1 花岗岩

花岗岩又称为岩浆岩或火成岩，主要成分是二氧化硅，矿物质成分由石英、长石云母与暗色矿物质组成。花岗岩具有良好的硬度，抗压强度好，耐磨性好，耐久性高，抗冻、耐酸、耐腐蚀，不易风化，表面平整光滑，棱角整齐，色泽持续力强且稳重、大方。优质花岗岩质地均匀，构造紧密，石英含量多而云母含量少，不含有害杂质，长石光泽明亮，无风化现象。花岗岩的一般使用年限约为数十年至数百年，是一种较高档的装饰材料。

花岗岩石材的大小可以随意加工，用于铺设室外地面的厚度为40 ~ 60mm，用于铺设室内地面的厚度为20 ~ 30mm，用于铺设家具台柜的厚度为18 ~ 20mm 等。市场上零售的花岗岩宽度一般为600 ~ 650mm，长度为2 ~ 6m 不等。特殊品种也有加宽加长型，可以打磨边角。如果用于大面积墙、地面铺设，也可以订购同等规格的型材，例如：300mm×600mm×15mm、600mm×600mm×20mm、800mm×800mm×30mm、800mm×600mm×30mm、1000mm×1000mm×30mm、1200mm×1200mm×40mm 等。其中，剁斧板的厚度一般均大于或等于50mm。

常见的20mm 厚的白麻花岗岩磨光板价格为60 ~ 100 元 /m²，其他不同花色品种的价格均高于此，一般为100 ~ 500 元 /m² 不等。

材料选购

选购花岗岩时应仔细观察表面质地；用卷尺测量花岗岩板材的尺寸规格；优质花岗岩板材的内部构造应致密、均匀且无显微裂隙，其敲击声清脆悦耳，相反如果板材内部存在显微裂隙、细脉，或因风化导致颗粒间接触变松，则敲击声粗；可以在花岗岩板材的背面，即未磨光的表面滴上 1 滴墨水，如墨水很快分散浸出，即表示花岗岩板材内部颗粒较松或存在显微裂隙，板材的质量不高，反之则说明花岗岩板材致密、质地好。暗色与灰色花岗岩，其放射性辐射强度都很小，即使不进行任何检测也能够确认是安全产品，可以放心大胆地使用，至于白色、红色、浅绿色与花斑花岗岩应当少用。

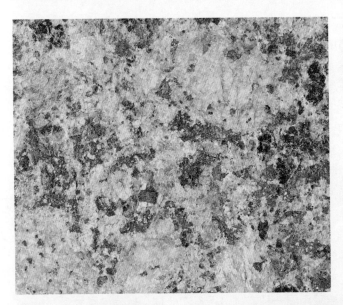

4.2 大理石

大理石是地壳中原有的岩石经过地壳内高温高压作用形成的变质岩，地壳的内力作用促使原来的各类岩石在结构、构造、矿物成分上发生改变，经过质变而形成的新岩石类型称为变质岩。

由于大理石一般都含有杂质，而且碳酸钙在大气中受二氧化碳、碳化物、水气的作用，也容易风化与溶蚀，而使表面很快失去光泽。相对于花岗石而言，大理石的质地比较软，密度一般为 2500 ~ 2600kg/m³；抗压强度高约为 50 ~ 150MPa，属于碱性中硬石材。天然大理石质地细密，抗压性较强，吸水率小于 10%，耐磨、耐弱酸碱，不变形。大理石按质量可以分为以下级别：A 类大理石属于优质产品，具有相同的、极好的加工品质，不含杂质与气孔。B 类大理石的加工品质比前者略差，有天然瑕疵，需要进行小量分离、胶粘、填充。C 类大理石的品质存在一些差异，如瑕疵、气孔、纹理断裂等均较为常见，可以通过进一步分离、胶粘、填充、加固等方法修补。D 类大理石所含天然瑕疵更多，加工品质的差异最大，需要采用同一种方法进行多次处理，但是这类大理石色彩丰富，品种繁多，具有很高的装饰价值。

大理石石材的大小可随意加工，用于铺设室外地面的厚度为 40 ~ 60mm，用于铺设室内地面的厚度为 20 ~ 30mm，用于铺设家具台柜的厚度为 18 ~ 20mm 等。市场上零售的花岗岩宽度一般为 600 ~ 650mm，长度为 2 ~ 6m 不等。特殊品种也有加宽加长型，可以打磨成各种边角线条。如果用于大面积墙、地面铺设，也可以订购同等规格的型材，例如，300mm × 600mm × 15mm、600mm × 600mm × 20mm、800mm × 800mm × 30mm、800mm × 600mm × 30mm、1000mm × 1000mm × 30mm、1200mm × 1200mm × 40mm 等。

小贴士 　大理石主要由方解石、石灰石、蛇纹石、白云石组成，其主要成分以碳酸钙为主，约占 50% 以上。

材料选购

　　每一块天然大理石都具有独一无二的天然图案和色彩，优质大理石家具会选用整块的石材原料，进行不同部位的用料配比。好的大理石，其主要部位会有大面积的天然纹路，而边角料会用在椅背、柱头等部位作点缀。劣质家具则在备料时就选用边角料，表面缺乏变化。　人造大理石是用天然大理石或花岗岩的碎石为填充料，用水泥、石膏和不饱和聚酯树脂为胶粘剂，经搅拌成型、研磨和抛光后制成。人造大理石透明度不好，而且没有光泽。鉴别人造和天然大理石还有更简单的一招：滴上几滴稀盐酸，天然大理石会剧烈起泡，人造大理石则起泡弱甚至不起泡。

4.3 文化石

文化石是指开采于自然界的石材，主要是将板岩、砂岩、石英石等石材进行加工制成的一种装饰石材。文化石材质坚硬、色泽鲜明、纹理丰富、风格各异，具有抗压、耐磨、耐火、耐寒、耐腐蚀、吸水率低、可无限次擦洗等特点。

目前，文化石应用很广，一般用于酒吧、餐厅等高档公共空间，或用于家居空间的背景墙，也可以用于建筑外墙装饰。天然文化石的价格比较低廉，一般为 40 ~ 80 元 /m²，规格多样，具体尺寸还可以定制生产。在选购时应注意，单块型材边长一般应大于或等于 50mm，厚度应大于或等于 10mm。

小贴士　如果将文化石铺装在户外，尽量不要选用砂岩类的石料，因为这类石料容易渗水，即使表面做了防水处理，也容易因受日晒雨淋致使防水层老化。

材料选购

选购时，可以用卷尺测量文化石的边长，边长小于或等于 300mm 的石料其公差为 ±4mm，边长为 300 ~ 600mm 的石料其公差为 ±7mm，高于此范围会影响施工质量。检查石料的吸水性，可以在石料表面滴上少许酱油，观察酱油的吸收程度，不宜选择吸水性过高的文化石，否则在吸水的同时也容易吸附灰尘，使石材产生变色。

青石 4.4

青石主要是指浅灰色厚层鲕状岩与厚层鲕状岩夹中豹皮灰岩，表面呈浅灰色、灰黄色，新鲜面呈棕黄色及灰色，局部褐红色，基质为灰色，一般呈块状构造及条状构造，密度为2800kg/m³。

青石经石匠从深山开凿切割成板块后广泛应用于客厅餐桌桌面，或者橱柜柜台等。与天然大理石相比，青石的优点在于主要成分是碳酸钙，无污染，无辐射，所以在日常家装建材中属于绿色产品，更受现代人喜爱。青石是石灰原材料。除了石灰，青石还被石子厂开采为石子，大沙。石子作为水泥的成分，大沙成为盖房的必需品。青石还主要用于河卵石、鹅卵石、花岗岩、石灰石、大理石、大青石等多种硬性石料的破碎。广泛用于高速公路、高速铁路、乡村公路、建筑用砂等多种领域，青石是建筑行业的理想材料。

青石一般被加工成板材，厚度为20～50mm，边长为100～600mm不等，表面凹凸平和。青石板价格较低，厚20mm的板材价格为30～50元/m²。一般用于地面、构造表面铺贴，常用于户外阳台、庭院装修。

小贴士　青石又名石灰石，《石灰吟》中"千锤万凿出深山"说的就是青石。

材料选购

选购青石时，要看表面结构、尺寸和敲击时的声音，最重要的是检查合格证，要选择正规厂家生产的。

4.5 鹅卵石

鹅卵石是开采河砂的附属产品，因为状似鹅卵而得名。鹅卵石作为一种纯天然的石材，表面光滑圆整，主要成分是二氧化硅，其次是少量的氧化铁与微量锰、铜、铝、镁等元素及化合物。它本身具有不同的色素，如赤红色为铁，蓝色为铜，紫色为锰，黄色半透明为二氧化硅等，呈现出浓淡、深浅变化万千的色彩，使鹅卵石呈现出黑、白、黄、红、墨绿、青灰等多种色彩。

鹅卵石在施工时一般是竖向插入水泥砂浆界面中，石料之间镶嵌紧密，无明显空隙，这样才能保证长久不脱落。一般选择形态较为完整的鹅卵石用于住宅庭院或阳台地面铺装，也可以用于室内墙、地面的局部铺装点缀。鹅卵石粒径规格一般为 25 ~ 50mm，价格为 3 ~ 4 元/kg。

小贴士 鹅卵石铺设时必须将表面洗净，必须使用高强度等级的砂浆铺设。

材料选购

如果希望提升装修品质，还可以根据各地装饰材料市场的供应条件，选购长江中下游地区开采的雨花石，其装饰效果更具特色，只是价格要贵 5 倍以上。

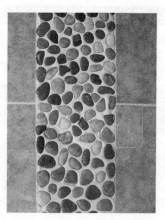

水磨石 4.6

水磨石又称为磨石，是指大理石和花岗岩或石灰石碎片嵌入水泥混合物中，经用水磨去表面而平滑的人造石。水磨石通常用于地面装修，也称为水磨石地面，它拥有低廉的造价与良好的使用性能，可任意调色、拼花，防潮性能好，能保持地面非常干燥，适用于各种家居环境。

现代水磨石制作一般都由各地专业经销商承包，要用到专业设备、材料，普通装修施工员一般不具备相关技能，价格也比传统水磨石地面要高，一般为60 ~ 80元/m²，但是仍比铺装天然石材要便宜不少。

小贴士 但是水磨石地面也存在缺陷，即容易风化、老化，表面粗糙，空隙大，耐污能力极差，且污染后无法清洗干净。

材料选购

普通水磨石地面应光滑、无裂纹、砂眼、磨纹，石粒密实，显露均匀，图案符合设计要求，颜色一致，不混色，分格条牢固、清晰、顺直。镶边的边角整齐光滑，不同面层颜色相邻处不混色。艺术水磨石地面除上述标准外，阴阳角收边方正，尺寸正确，拼接严密，分色线顺直，边角整齐、光滑、清晰、美观。打蜡均匀、不露底，色泽一致，厚薄均匀，光滑明亮，图纹清晰，表面洁净。

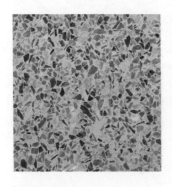
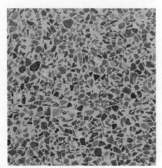

4.7 聚酯人造石

聚酯人造石是以甲基丙烯酸甲酯、不饱和聚酯树脂等有机高分子材料为基体，以石渣、石料为填料，加入适量的固化剂、促进剂及调色颜料，通过高温融合后再固化成型的石材产品。聚酯人造石已成为现代家居装修人造石的代名词，泛指所有人造石。聚酯人造石因其具有无毒性、无放射性、阻燃性、不粘油、不渗污、抗菌防霉、耐磨、耐冲击、易保养、拼接无缝、任意造型等优点，正逐步成为装修建材市场上的新宠。

聚酯人造石在全国各地均有生产、销售，价格比较均衡，一般规格为：宽度在650mm以内，长度为2.4 ~ 3.2m，厚度为10 ~ 15mm。经销商可以根据现场安装尺寸定制加工，包安装，包运输。聚酯人造石的综合价格一般为400 ~ 600元/m²。

从表面上看，优质聚酯人造石经过打磨抛光后，表面晶莹光亮，色泽纯正，用手抚摸有天然石材的质感，无毛细孔。劣质产品的表面发暗，光洁度差，颜色不纯，在视觉上有刺眼的感觉，用手抚摸感到涩，有毛细孔，即对着光线以45°斜视，可以看到像针眼一样的气孔。这样的产品卫生性较差且不环保。

小贴士 聚酯人造石多少都会有些刺鼻气味，尤其是地方产品品质差异很大，但是只有将鼻子贴近石材时闻得到，远离300mm就基本闻不到气味了。但是劣质产品的刺鼻气味很大，安装使用后1年都不会完全挥发。其中的甲醛、苯会对人体造成极大伤害。

材料选购

在选购时要注意，优质聚酯人造石具有较强的硬度与机械强度，用尖锐的硬质塑料划其表面也不会留下划痕。劣质产品质地较软，很容易划伤，而且容易变形。可以采用 0 号砂纸打磨石材表面，容易产生粉末的产品则质量较差，优质产品经过打磨后表面磨损应不大，不产生明显粉末。如果条件允许，可以进一步测试聚酯人造石的硬度与强度，取一块约 30mm×30mm 的石材，用力向水泥地上摔，质量差的产品会摔成粉碎小块，而质量好的一般只碎成 2～3 块，而不会粉碎，用力不大还会从地面上反弹起来。

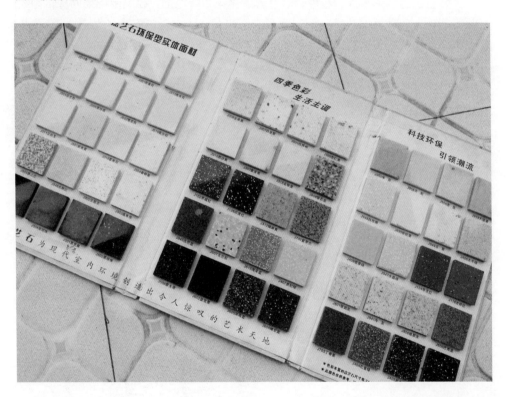

4.8 微晶石

微晶石又称为微晶玻璃复合石材，是将微晶玻璃复合在陶瓷玻化石的表面，经过二次烧结后完全融为一体的人造石材。微晶石作为一种新型装饰材料，正逐渐进入家居装修市场，是目前家居装修中比较流行的新型绿色环保人造石材。

微晶石的色彩多样，着色时以金属氧化物为着色剂，经高温烧结而成，因此不褪色，且色泽鲜艳。一般以水晶白、米黄、浅灰、白麻等色系最为流行。同时，它能弥补天然石材色差大的缺陷，因而广泛用于各种装修界面。微晶石作为化学性能稳定的无机质晶化材料，又包含玻璃基质结构，其耐酸碱度、抗腐蚀性能都甚于天然石材，尤其是耐候性更为突出，经受长期风吹日晒也不会褪光，更不会降低强度。

微晶石主要用于家居装修的地面、墙面、家具台柜铺装，常见厚度为12～20mm，可以配合施工要求调整，宽度一般为0.6～1.6m，长度为1.2～2.8m不等，价格为80～120元/m²。

小贴士 微晶石的吸水率极低，几乎为零，多种污秽浆泥、染色溶液不易侵入渗透，依附于表面的污物也很容易清除擦净，特别方便于家居保洁。

材料选购

选购时也要注意识别真假，避免少数不法经销商将抛光砖冒充微晶石高价出售，识别微晶石主要是观察其透明层与光亮度。

水泥人造石 **4.9**

　　水泥人造石多采用铝酸盐水泥制作，结构致密，表面光滑，具有光泽，呈半透明状。采用硅酸盐水泥或白色硅酸盐水泥作为胶粘剂，表面层就不光滑，硅酸盐水泥仅适用于面积较小的装饰界面。水泥人造石取材方便，价格低廉，色彩可以任意调配，花色品种繁多，可以被加工成文化石，铺装成各种不同图案或肌理效果。制作厚 40mm 的彩色水泥人造石，价格为 40 ~ 60 元 /m²。

　　由于水泥人造石强度不及其他天然石材，因此不宜用于构造的边角等易碰撞处。采用水泥砂浆铺装到墙面后，应采用相同的水泥砂浆填补缝隙，不宜采用白水泥填缝；如需调色可以直接在水泥砂浆中掺入矿物质色浆，颜色近似即可。水泥人造石的铺装高度应小于或等于 4m，铺装过高容易塌落。

小贴士　　水泥人造石面层经过处理后，在色泽、花纹、物理、化学性能等方面都优于其他类型的人造石材，装饰效果可以达到以假乱真的程度。

材料选购

　　选购水泥人造石，要注意观察，即肉眼观察石材的表面结构。一般来说，均匀的细料结构的人造石具有细腻的质感，为其中之佳品。

5

陶瓷墙地砖

5.1 釉面砖

釉面砖又称为陶瓷砖、瓷片，是装饰面砖的典型代表，是一种传统的卫生间、厨房墙面铺装用砖。釉面砖是以黏土或高岭土为主要原料，加入助溶剂，经过研磨、烘干、烧结成型的陶瓷制品。由于釉料与生产工艺不同，一般分为彩色釉面砖、印花釉面砖等多种，表面可以制作成各种图案与花纹。根据表面光泽的不同，釉面砖又可以分为高光釉面砖与亚光釉面砖两大类。

釉面砖的表面用釉料烧制而成，而主体又分陶土与瓷土两种，陶土烧制出来的背面呈灰红色，瓷土烧制出来的背面呈灰白色。在现代家居装修中，釉面砖主要用于厨房、卫生间、阳台等室内外墙面铺装，其中瓷质釉面砖可以用以于地面铺装。墙面砖规格一般为 250mm×330mm×6mm、300mm×450mm×6mm、300mm×600mm×8mm 等。高档墙面砖还配有相当规格的腰线砖、踢脚线砖、顶脚线砖等，均施有彩釉装饰，且价格高昂，其中腰线砖的价格是普通砖的 5 ~ 8 倍。地面砖规格一般为 300mm×300mm×6mm、330mm×330mm×6mm、600mm×600mm×8mm 等，中档瓷质釉面砖的价格为 40 ~ 60 元 /m²。

小贴士 现今主要用于墙地面铺设的是瓷制釉面砖，质地紧密，美观、耐用，易于保洁，孔隙率小，膨胀不显著。

材料选购

　　釉面砖的产品种类很多，价格参差不齐，在选购时要特别注意识别技巧。从包装箱内拿出多块砖，平整地放在地上，看砖体是否平整一致，对角处是否嵌接整齐，没有尺寸误差与色差的就是上品。在铺装时应采取无缝铺装工艺，这对瓷砖的尺寸要求很高，最好使用卷尺检测不同砖块的边长是否一致。用手指垂直提起陶瓷砖的边角，让瓷砖自然垂下，用另一手指关节部位轻敲瓷砖中下部，声音清亮响脆的是上品，而声音沉闷混浊的是下品。将瓷砖背部朝上，滴入少许淡茶水，如果水渍扩散面积较小则为上品，反之则为次品。因为优质陶瓷砖密度较高，吸水率低，强度好；而低劣陶瓷砖密度很低，吸水率高，强度差，且铺装完成后，黑灰色的水泥色彩会透过砖体显露在表面。

5.2 抛光砖

抛光砖是通体砖坯体的表面经过打磨而成的一种光亮的通体砖。采用黏土与石材粉末经压制，然后再经过烧制而成，正面与反面色泽一致，不上釉料。相对传统渗花通体砖而言，抛光砖的表面要光洁得多。

抛光砖坚硬耐磨，无放射元素，用于室内地面铺装，可以取代传统天然石材，因为石材未经高温烧结，故含有个别微量放射性元素，长期接触会对人体有害。

抛光砖一般用于相对高档的家居空间，商品名称很多，如铂金石、银玉石、钻影石、丽晶石、彩虹石等，选购时不能被繁杂的商品名迷惑，仍要辨清产品属性。抛光砖与渗花砖的区别主要在于表面的平整度，抛光砖虽然也有亚光产品，但是大多数产品都为高光，比较光亮、平整，一般都有超洁亮防污层。渗花砖多为亚光或具有凹凸纹理的产品，表面只是平整而无明显反光，经过仔细观察，表面存在细微的气孔。抛光砖的规格通常为 300mm×300mm×6mm、600mm×600mm×8mm、800mm×800mm×10mm 等，中档产品的价格为 60 ~ 100 元 /m²。

小贴士 抛光砖在生产过程中，基本可控制无色差，同批产品花色一致。

材料选购

抛光砖的选购方法主要看砖的平整尺寸、颜色差异、防污能力、致密程度等方面。首先，将4块砖平整摆放在地面上，观察边角是否能完全对齐，平整摆放后看是否有翘起、波动感。如观察不准，可以用卷尺仔细测量各砖块的边长与厚度，看是否一致，优质产品的边长尺寸误差应小于1mm。然后，观察4块砖表面不能色差、砂眼、缺棱少角等缺陷，同时观察侧壁与背面，看质地是否均匀一致，同等质量的渗花砖从侧面看，砖体比较薄的质量好。接着，可以用油性记号笔测试砖材的防污能力，如果轻轻擦拭就能去除笔迹，则说明质量不错，反之则差。最后，可以提起一块砖，用手指关节敲击砖体的中下部位，声音清脆的即为优质产品。也可以用0号砂纸打磨砖体表面，以不掉粉尘为优质产品。

5.3 玻化砖

玻化砖又称为全瓷砖，是通体砖表面经过打磨而成的一种光亮砖，属通体砖中的一种。玻化砖具有天然石材的质感，而且具有高光度、高硬度、高耐磨、吸水率低、色差少等优点，其色彩、图案、光泽等都可以人为控制，产品结合了欧式与中式风格，色彩多姿多样，无论装饰于室内或是室外，均为现代风格，铺装在墙地面上能起到隔声、隔热的作用，而且它比大理石轻便。

目前，玻化砖以中、大尺寸产品为主，产品最大规格可以达 1200mm×1200mm，主要用于大面积客厅。产品有单一色彩效果、花岗岩外观效果、大理石外观效果、印花瓷砖效果等，以及采用施釉玻化砖装饰法、粗面或施釉等多种新工艺的产品。玻化砖尺寸规格一般较大，通常为 600mm×600mm×8mm、800mm×800mm×10mm、1000mm×1000mm×10mm、1200mm×1200mm×12mm，中档产品的价格为 80 ~ 150 元 /m²。

材料选购

在选购玻化砖时要注意与常规抛光砖区分开。首先，听声音，一只手悬空提起瓷砖的边角，另一只手敲击瓷砖中间，如果发出清脆响亮的声音，可以认定为玻化砖；如果发出的声音浑浊、回音较小且短促，则说明瓷砖的胚体原料颗粒大小不均，为普通抛光砖。然后，试手感，相同规格、相同厚度的瓷砖，手感较重的为玻化砖，手感较轻的为抛光砖。这一点可以将两者掂量比较。接着，观察背面，优质产品的质地应均匀细致，从表面上来看，玻化砖是完全不吸水的，即使洒水至砖体背面也不应该有任何水迹扩散的现象。最后，选择品牌，市场上的知名品牌产品均能在网上搜索到，其色泽、质地应该与经销商的产品完全一致，这样能有效地识别真伪。

微粉砖 5.4

微粉砖是在玻化砖的基础上发展起来的一种全新通体砖，也可以认为是一种更高档的玻化砖，其表面与背面的色泽一致。

在现代家居装修中，微粉砖正全面取代玻化砖，成为家居装修地面材料的首选，一般用于面积较大的门厅、走道、客厅、餐厅、厨房等一体化空间。微粉砖尺寸规格一般较大，通常为600mm×600mm×8mm、800mm×800mm×10mm、1000mm×1000mm×10mm、1200mm×1200mm×12mm，中档产品的价格为100～200元/m²。

小贴士 微粉砖及系列产品由于胚体的颗粒更小更细，其胚体颗粒的排列更紧密，密度也更大一些，其防污性能比渗花砖、抛光砖、玻化砖更加优越。

材料选购

选购微粉砖时要注意与其他通体砖产品区分。微粉砖的显著特征是表面纹理不重复，正反色彩一致，完全不吸水，泼洒各种液体至表面、背面均不会出现任何细微的吸入状态。可以采用尖锐的钥匙或金属器具在其表面磨划，不会产生任何划痕。优质产品的色彩更加亮丽、明快，中低档产品稍显黯淡。由于这类产品普遍价格较高，可以上网对照厂商提供的各地经销商地址上门购买。

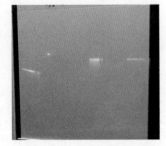

5.5 锦砖

锦砖又称为马赛克、纸皮砖，是指在装修中使用的拼成各种装饰图案的片状小砖。传统锦砖一般是指陶瓷锦砖，于20世纪七八十年代在我国较为流行，后来随着釉面砖的发展，陶瓷锦砖产品种类有限，逐步退出市场。如今随着家装设计风格的多样化，锦砖又重现历史舞台，其品种、样式、规格更加丰富。

现代锦砖主要有石材锦砖、陶瓷锦砖、玻璃锦砖三种。石材锦砖是指采用天然花岗岩、大理石加工而成的锦砖，石材锦砖的规格多样。一般单片锦砖的通用规格为边长300mm，其中小块石材规格不定，边长为10～50mm不等。小块石材的厚度为5～10mm，小块石材之间的间距或疏或密，一般小于或等于3mm。价格为30～40元/片。陶瓷锦砖又称为陶瓷什锦砖、纸皮瓷砖、陶瓷马赛克，它是以优质瓷土为原料，按技术要求对瓷土颗粒进行级配，以半干法成型。通用规格为边长300mm，其中小块陶瓷规格不定，边长为10～50mm不等。小块石材的厚度为4～6mm,小块陶瓷之间的间距比较均衡，一般为2mm左右。价格为10～25元/片。玻璃锦砖又称为玻璃马赛克、玻璃纸皮砖，它是一种小规格彩色饰面玻璃，是具有多种颜色的小块玻璃镶嵌材料。一般单片锦砖的通用规格为边长300mm，其中小块玻璃规格不定，边长为10～50mm不等。小块玻璃的厚度为3～5mm，小块玻璃之间的间距比较均衡，一般为3mm左右。价格为25～40元/片。

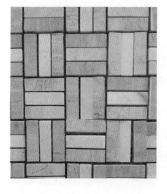

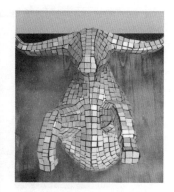

小贴士 不同品种的锦砖质量有差异，但是选购方法基本相同。

材料选购

在选购时，首先，观察外观，优质产品应无任何斑点、粘疤、起泡、坯粉、麻面、波纹、缺釉、棕眼、落脏、熔洞等缺陷。但是天然石材锦砖允许存在一定的细微孔洞，瑕疵率应小于或等于5%。然后，用卷尺测量，标准产品的边长为300mm，各边误差应小于或等于2mm，特殊造型锦砖除外。接着，检查粘贴的牢固度，将整片锦砖卷曲，然后伸平，反复5次，或反复褶皱小砖块，以不掉砖为优质产品。最后，检查脱离质量，锦砖铺装后要将玻璃纤维网或牛皮纸顺利剥揭下来，才能保证铺装的完整性。

5.6 阳角线

阳角线又叫阳角线收口条或阳角条，是一种用于瓷砖90°凸角包角处理的装饰线条，以底板为面，在一侧制成90°扇形弧面，材质为PVC、铝合金、不锈钢。

底板上有防滑齿或者孔状花纹，便于与墙壁和瓷砖充分结合，扇形弧面的边缘有限位斜边，用于限定瓷砖或石材的安装位置。根据瓷砖厚度，阳角线分成两种规格——大阳角和小阳角，分别适应于10mm和8mm厚的瓷砖，长度多在2.5m左右。阳角线因为安装简单、成本低、能有效保护瓷砖、减少瓷砖90°凸角产生的碰撞危害等优点而被广泛应用。

小贴士 阳角线装潢美观，亮丽。角线弧面平滑，线条笔直，能有效保证包边贴角平直，使装潢边角更具立体美感。

材料选购

选购阳角线时，要根据不用的用途对阳角线材质进行选购。

美缝剂 5.7

美缝剂是填缝剂的升级产品，美缝剂的装饰性、实用性明显优于彩色填缝剂。传统的美缝剂是涂在填缝剂的表面，新型美缝剂不需要填缝剂做底层，可以在瓷砖粘接后直接填加到瓷砖缝隙中。适合 2mm 以上的缝隙填充，施工比普通型方便，是填缝剂的升级换代产品。

美缝剂光泽度好，颜色丰富自然细腻，如金色、银色、珠光色等，而白色、黑色色度明显高于白水泥、彩色填缝剂，给墙面带来更好的整体效果，因此装饰性大大强于白水泥、彩色填缝剂。并且其凝固后，表面光滑如瓷，可以和瓷砖一起擦洗，具有抗渗透防水的特性，可以做到真正的瓷砖缝隙"永不变黑"。

小贴士 新型美缝剂是速干型，所以打上十几厘米就要用湿海绵赶紧清理，否则就不好清理了。

材料选购

选购美缝剂时，要注意选择气味小、固化时间适中、色泽光滑、硬度柔和和耐黄度高的产品。

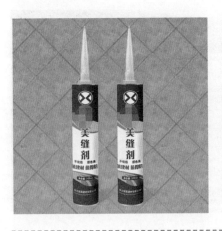

5.8 填缝剂

填缝剂是一种粉末状的物质，由多种高分子聚合物与彩色颜料制成，弥补了传统白水泥填缝剂容易发霉的缺陷，使石材、瓷砖的接缝部位光亮如瓷。

填缝剂凝固后在砖材缝隙上会形成光滑如瓷的洁净面，具有耐磨、防水、防油、不沾脏污等优势，能长期保持清洁、一擦就净，能保证宽度小于或等于3mm的接缝不开裂、不凹陷。TAG填缝剂的硬度、黏结强度、使用寿命等方面都优于传统填缝剂，可彻底解决普遍存在的砖缝脏黑且难清洁的问题，能避免缝隙孳生霉菌危害人体健康。TAG填缝剂颜色丰富，自然细腻，具有光泽，不褪色，具有很强的装饰效果，各种颜色能与各种类型的石材、瓷砖相搭配。

填缝剂主要用于石材、瓷砖铺装缝隙填补，是石材、瓷砖胶粘剂的配套材料。TAG填缝剂常用包装为每袋1～10kg不等，价格为5～10元/kg。

材料选购

选购填缝剂时要注意，正常家庭用的填缝剂要求水泥或砂的细度越细越好，用手搓一下，应有细腻感；质量差的产品所用材料品质不差，有些砂细度不足，感觉粗糙。质量好的填缝剂未使用前，颜色柔和，色泽鲜艳；质量差的产品，由于材料不佳，看起来灰蒙蒙的或色彩黯淡。

小贴士 瓷砖填缝剂要在干燥通风处保存，保质期一般为1年，一次调和量要根据用量而定，不宜调和过多，如未使用完就会硬化，不能再继续使用。

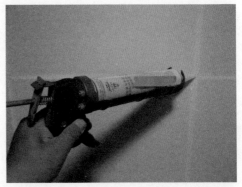

6

成品板材

6.1 木芯板

木芯板又被称为细木工板，俗称大芯板，是由两片单板中间胶压拼接木板而成。中间的木板是由优质天然木料经热处理以后，加工成一定规格的木条，由机械拼接而成。拼接后的木板两面各覆盖两层优质单板，再经冷、热压机胶压后制成。它具有质量轻、易加工、握钉力好、不变形等优点，是家居装修与家具制作的理想材料。

大芯板的材种有许多种，其中以杨木、桦木为最好，质地密实，木质不软不硬，握钉力强，不易变形；泡桐的质地轻软，吸收水分大，握钉力差，不易烘干，制成的板材在使用过程中，当水分蒸发后，板材易干裂变形；而硬木质地坚硬，不易压制，拼接结构不好，握钉力差，变形系数大。木芯板的加工工艺分为机拼与手拼两种。手拼是用人工将木条镶入夹板中，木条受到的挤压力较小，拼接不均匀，缝隙大，握钉力差，不能锯切加工，只适宜做分装修的子项目，如用作实木地板的垫层毛板等。而机拼的板材受到的挤压力较大，缝隙极小，拼接平整，承重力均匀，长期使用，结构紧凑不易变形。

木芯板的常见规格为2440mm×1220mm，厚度有15mm与18mm两种，其中15mm厚的木芯板市场价格约为120元/张，主要用于制作小型家具（电视柜、床头柜）及装饰构造；18mm厚的板材市场价格为120~180元/张不等，主要用于制作大型家具（衣柜、储藏柜）。

材料选购

现在木芯板的质量差异很大，在选购时要注意认真检查。一般木芯板按品质分可以分为一、二、三等，直接用作饰面板的，应该使用一等板，只用作底板的可以用三等板。一般应该挑选表面干燥、平整，节子、夹皮少的板材。木芯板一面必须是一整张木板，另一面只允许有一道拼缝。另外，木芯板的表面必须光洁。观测其周边有无补胶、补腻子的现象，胶水与腻子都是用来遮掩残缺部位或虫眼的。在大批量购买时，应该检查产品是否配有检测报告及质量检验合格证等质量文件，知名品牌会在板材侧面标签上设置防伪检验电话，以供消费者拨打电话进行验证。

6.2 纤维板

纤维板是人造木质板材的总称，又被称为密度板，是指采用森林采伐后的剩余木材、竹材和农作物秸秆等为原料，经打碎、纤维分离、干燥后施加胶粘剂，再经过热压后制成的人造木质板材。制造过程中可以施加胶粘剂和添加剂。纤维板具有材质均匀、纵横强度差小、不易开裂等优点，用途广泛。纤维板的缺点是背面有网纹，造成板材两面表面积不等，吸湿后因产生膨胀力差异而会使板材翘曲变形；硬质板材表面坚硬，钉钉困难，耐水性差。

纤维板适用于家具制作，现今市场上所销售的纤维板都会经过二次加工与表面处理，外表面一般覆有彩色喷塑装饰层，色彩丰富多样，可选择性强。中、硬质纤维板甚至可以替代常规木芯板，制作衣柜、储物柜时可以直接用作隔板或抽屉壁板，使用螺钉连接，无须贴装饰面材，简单方便。胶合板、纤维板表面经过压印、贴塑等处理方式，被加工成各种装饰效果，如刨花板、波纹板、吸声板等，被广泛应用于装修中的家具贴面、门窗饰面、墙顶面装饰等领域。随着我国经济的快速发展和城市化率的不断提高，质量稳定、环保等级高、满足差异化需求及具有安全阻燃功能的纤维板产品具有广阔的市场空间。

纤维板的规格为 2440mm×1220mm，厚度为 3 ~ 25mm 不等，常见的 15mm 厚的中等密度覆塑纤维板价格为 80 ~ 120 元/张。

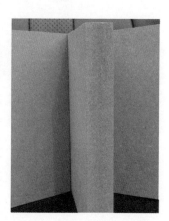

小贴士

注意纤维板需厚度均匀，板面平整、光滑，没有污渍、水渍、粘迹，四周板面细密、结实、不起毛边。

材料选购

以最普及的中密度纤维板为例，选购时应该注意外观，优质板材应该特别平整，厚度、密度应该均匀，边角没有破损，没有分层、鼓包、碳化等现象，无松软部分。如果条件允许，可锯下一小块中密度纤维板放在水温为20℃的水中浸泡24h，观其厚度变化，同时观察板面有没有小鼓包出现。若厚度变化大，板面有小鼓包，说明板面防水性差。还可以贴近板材用鼻子嗅闻，因为气味越大说明甲醛的释放量就越高，造成的污染也就越大。

6.3 刨花板

刨花板又被称为微粒板、蔗渣板，也有进口高档产品被称定向刨花板或欧松板。它是由木材或其他木质纤维素材料制成的碎料，施加胶粘剂后在热力和压力作用下胶合而成的人造板。

在现代家居装修中，纤维板与刨花板均可取代传统木芯板制作衣柜，尤其是带有饰面的板材，无须在表面再涂饰油漆、粘贴壁纸或家饰宝，施工快捷、效率高，外观平整。此外，刨花板根据表面状况分为未饰面刨花板与饰面刨花板两种，现在用于制作衣柜的刨花板都有饰面。刨花板在裁板时容易造成参差不齐的现象，由于部分工艺对加工设备要求较高，不宜现场制作，故而多在工厂车间加工后运输到施工现场组装。

刨花板的规格为2440mm×1220mm，厚度为3～75mm不等，常见的19mm厚的覆塑刨花板价格为80～120元/张。

小贴士 市场上的刨花板质量参差不齐，劣质的刨花板环保性很差，甲醛含量超标严重，但随着国家对环保的重视，优质的刨花板的环保性已经得到了保障。

材料选购

选购刨花板的质量时最重要的关键在于边角，板芯与饰面层的接触应该特别紧密、均匀，不能有任何缺口。用手抚摸未饰面刨花板的表面，应该感觉比较平整，无木纤维毛刺。

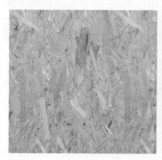

欧松板

6.4

欧松板的原料主要为软针、阔叶树材的小径木、速生间伐材等，如桉树、杉木、杨木间伐材等，来源比较广泛，并可制造成大幅面板（如 8ft×32ft 或 12ft×24ft,1ft=0.3048m)。其制造工艺主要是将一定几何形状的刨片（通常为长 50～80mm，宽 5～20mm，厚 0.45～0.6mm) 经干燥、施胶、定向铺装和热压成型。

欧松板全部采用高级环保胶粘剂，符合欧洲最高环境标准 EN300 标准，成品完全符合欧洲 E1 标准，其甲醛释放量几乎为零，可以与天然木材相比，远远低于其他板材，是目前市场上最高等级的装饰板材，是真正的绿色环保建材，完全满足现在及将来人们对环保和健康生活的要求。欧松板的市场价格也与高档大芯板相当，而无论环保性能还是物理特性，欧松板都具有可以比较的良好性。其与澳松板相比更接近细木工板。

欧松板是目前世界范围内发展最迅速的板材，在北美、欧洲、日本等发达地区与国家已广泛用于建筑、装饰、家具、包装等领域，是细木工板、胶合板的升级换代产品。国产欧松板的价格基本维持在 2200～2500 元/m²，国产欧松板使用的是脲醛胶；进口欧松板的价格在 4500～4800 元/m²，这种板材使用的是异氰酸酯胶。

国产欧松板用的胶水也能满足环保要求，但无疑进口欧松板能达到更严格的环保标准，所以在价格上要比国产欧松板贵一倍左右。

小贴士　欧松板在高温高压下进行干燥和脱油，具有很大的强度和硬度，稳定性好，不易发生变形和开裂。

材料选购

　　选购欧松板时，要注意看包装，看包装或者标签上是否有制造商的名称和商标。其次看板材上面的喷码，大部分的制造商都会将自己公司的品牌或者 LOGO 喷在板材侧面或者表面，有时也会喷上生产时间、批次等信息。

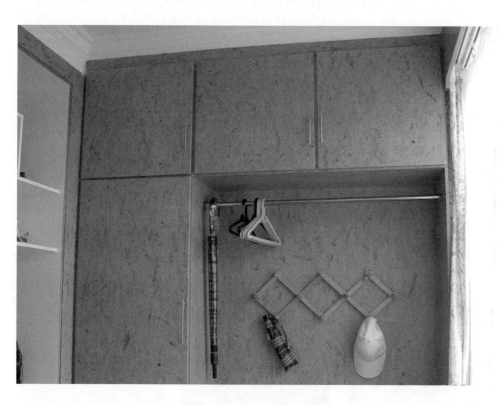

纸面石膏板

6.5

纸面石膏板简称石膏板，是以半水石膏与护面纸为主要原料，以特制的板纸为护面，经加工制成的板材。石膏中掺入适量的纤维、胶粘剂、促凝剂、缓凝剂，料浆须经过配制、成型、切割、烘干制成。纸面石膏板具有质量轻、隔声、隔热、加工性能强、施工方法简便的特点。

纸面石膏板生产能耗低，生产效率高，且投资少生产能力大，工序简单，便于大规模生产。用纸面石膏板作隔墙，质量仅为同等厚度砖墙的15%左右，有利于结构抗震，并可以有效减少基础及结构主体造价。纸面石膏板板芯60%左右是微小气孔，因空气的导热系数很小，因此具有良好的轻质保温性能。由于石膏芯本身不燃，且遇火时在释放化合水的过程中会吸收大量的热，延迟周围环境温度的升高，因此，纸面石膏板具有良好的防火阻燃性能。

在家居装修中，纸面石膏板主要用于吊顶、隔墙等构造制作，多配合木龙骨与轻钢龙骨为骨架，采用直攻螺钉安装固定。石膏板的形状以棱边角为特点，使用护面纸包裹石膏板的边角。普通的纸面石膏板又可分为防火与防水两种，市场上所售卖的型材兼得两种功能。普通纸面石膏板的规格为2440mm×1220mm，厚度有9.5mm与12.5mm，其中9.5mm厚的产品价格为20元/张。

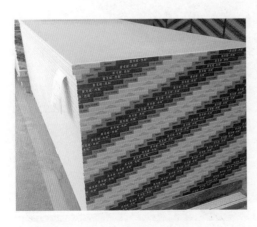

材料选购

选购时，观察并抚摸表面，表面平整光滑，不能有气孔、污痕、裂纹、缺角、色彩不均、图案不完整现象，纸面石膏板上下两层护面纸需结实。注意石膏的质地是否密实，有没有空鼓现象，越密实的石膏板越耐用。可以随机找几张板材，在端头露出石膏芯与护面纸的地方用手揭护面纸，如果揭的地方护面纸出现层间撕开，表明板材的护面纸与石膏芯粘接良好。如果护面纸与石膏芯层间出现撕裂，则表明板材粘接不良。

水泥板

6.6

　　水泥板是以水泥为主要原材料加工生产的一种建筑平板，是一种介于石膏板与石材之间，可以自由切割、钻孔、雕刻的建筑产品，以其优于石膏板、木板、石材的特性，具有一定的防火、防水、防腐、防虫、隔声等性能，但是价格远低于石材，是目前比较流行的家居装修材料。

　　水泥板种类繁多，按档次主要分为普通水泥板、纤维水泥板、纤维水泥压力板等几种。普通水泥板是普遍使用的产品，主要成分是水泥、粉煤灰、沙子，价格越便宜水泥用量越低，有些厂家为了降低成本甚至不用水泥，造成板材的硬度降低。纤维水泥板又被称为纤维增强水泥板，与普通水泥板的主要区别是添加了各种纤维作为增强材料，使水泥板的强度、柔性、抗折性、抗冲击性等大幅提高。

　　在现代家居装修中，木丝纤维水泥板的使用可以营造出独特的现代风格，一般铺贴在墙面、地面、家具、构造表面，同时可以用在卫生间等潮湿环境。木丝纤维水泥板的规格为 2440mm×1220mm，厚度为 6 ~ 30mm，特殊规格可以预制加工，厚 10mm 的产品价格为 100 ~ 200 元 / 张。

材料选购

　　选购时要注意识别，许多厂家甚至将普通水泥板或硅酸钙板冒充木丝纤维水泥压力板销售。首先，关注板材的密度，板材的质量与密度密切相连，可以根据板材的质量来判断，优质水泥压力板的密度为 1800kg/m³，具体数据可以对照产品标签，较次的产品密度要低一些，为 1500 ~ 1800kg/m³，硅酸钙板的密度为 1200kg/m³ 左右。然后，观察板材的质地，应该平整坚实，可以采用 0 号砂纸打磨板材表面，优质产品不应该产生太多粉末，伪劣产品或硅酸钙板的粉末较多。接着，可以询问商家有无特殊规格，一般厂家只生产厚为 6 ~ 12mm 的板材，不能生产超薄板与超厚板产品，则说明生产条件有限，很难生产出优质产品。最后，可以多比较不同商家的产品，认清产品的品牌与生产厂家，可以上网查看其知名度与产品质量体系认证等情况。

小贴士　　水泥板产品属于比较流行的装饰材料，全国各地很多厂家都在生产，产品价格相差悬殊。

生态板 6.7

生态板是将带有不同颜色或纹理的纸放入三聚氰胺树脂胶粘剂中浸泡，然后干燥到一定固化程度，将其铺装在木芯板、指接板、胶合板、刨花板、中密度纤维板等板面，经热压而成且具有一定防火性能的装饰板。

生态板以其表面美观、施工方便、生态环保、耐划耐磨等特点，越来越受到消费者的青睐和认可，以生态板生产的板式家具也越来越受欢迎。生态板由于它的特性和环保特点，已广泛适用于家庭装饰、板式家具、橱柜衣柜、浴室柜等领域。

生态板的规格为 2440mm×1220mm，厚度为 15 ~ 18mm，其中15mm 厚的板材价格为 120 ~ 240 元 / 张，特殊花色品种的板材价格较高。

小贴士 生态板，在行业内还有多种叫法，常见的叫法有免漆板和三聚氰胺板。

材料选购

选购生态板时，除了挑选色彩与纹理外，主要观察板面有无污斑、划痕、压痕、孔隙、气泡，尤其是颜色光泽是否均匀，有无鼓泡现象、有无局部纸张撕裂或缺损现象。

6.8 贴面板

薄木贴面板又被称为装饰木皮，以往高档薄木贴面板即是 1 张厚 2mm 左右的实木单板，质地较软，但纹理清晰，由于成本较高，现在很少生产使用。如今的薄木贴面板属于胶合板，全称为装饰单板贴面胶合板，它是将天然木材或科技木刨切成 0.2 ～ 0.5mm 厚的薄片，粘附于胶合板表面，然后热压而成，是一种高档装修饰面材料。

薄木贴面板的规格为 2440mm×1220mm×3mm。天然板的整体价格较高，根据不同树种进行定价，一般都在 60 元 / 张以上；而科技板的价格多在 30 ～ 40 元 / 张。

小贴士　薄片厚度越厚，耐用性能越好，油漆施工后实木感强、纹理越清晰、色泽越鲜艳饱和。

材料选购

选购优质天然薄木贴面板时应该注意，产品表面应该具有清爽华丽的美感，色泽均匀、清晰，材质细致，纹路美观。反之，如果有污点、毛刺沟痕、刨刀痕或局部发黄、发黑就很明显属于劣质或已被污染的板材。然后，价格也根据木种、材料、质量的不同而有很大差异，这些都与纹路、厚度、内芯质量有着直接的关系。最后，在选购时可以使用 0 号砂纸轻轻打磨边角，观测是否褪色或变色，即可鉴定面材的质量。

指接板

6.9

指接板又被称为机拼实木板，由多块经过干燥、裁切成型的实木板拼接而成，上下无须粘压单薄的夹板，由于竖向木板之间采用锯齿状接口，类似手指交叉对接，故称为指接板。

指接板的常见规格为 2440mm×1220mm，厚度主要有 12mm、15mm、18mm 等，最厚可达 36mm。目前，市场上销售的指接板有单层板与三层板两种，其中三层叠加的板材抗压性与抗弯曲性较好。普通单层指接板厚度为 12mm 与 15mm，市场价格为 120 元/张左右，主要用于支撑构造；三层板指接板厚度为 18mm，市场价格为 150 元/张左右，主要用于家具、构造的各种部位，甚至装饰面层。

小贴士　指接板常用松木、杉木、桦木、杨木等树种制作，其中以杨木、桦木为最好，质地密实，木质不软不硬，握钉力强，不易变形。

材料选购

选购指接板时需要注意鉴别质量，除了选购当地的知名品牌外，还要注意留意板材外观。其中，鉴别指接板的质量主要是看芯材的年轮，指接板多由杉木加工而成，其年轮较为明显，年轮越大，说明树龄长，材质就越好。中高档的产品表面抚摸起来非常平整，无毛刺感，且都会采用塑料薄膜包装，用于防污防潮。

6.10 胶合板

胶合板又被称为夹板，是将椴木、桦木、榉木、水曲柳、楠木、杨木等原木经蒸煮软化后，沿年轮旋切或刨切成大张单板，这些多层单板通过干燥后纵横交错排列，使相邻两个单板的纤维相互垂直，再经过加热胶压而成的人造板材。

胶合板常见的规格为 2440mm×1220mm，厚度根据层数增加，一般为 3～22mm 多种。它主要用于木质家具、构造的辅助拼接部位，也可以用于弧形饰面，市场销售价格根据厚度不同而不等。常见的 9mm 厚的胶合板价格为 50～80 元/张。

小贴士　购买胶合板时应该列好材料清单，由于规格、厚度不同，所使用的地方也不同，要避免浪费。

材料选购

在选购时，首先，观察胶合板的正反两面，一般选购木纹清晰，正面光洁、平滑的板材，要求平整无滞手感，板面不应该存在破损、碰伤、硬伤、疤节、脱胶等疵点。然后，如果有条件应该将板材剖切，仔细观察剖切截面，单板之间均匀叠加，不应该有交错或裂缝，不应该有腐朽、变质等现象，注意部分胶合板是将两张不同纹路的单板贴在一起制成的，所以在选择上要注意夹板拼缝处应严密，没有高低不平等现象。最后，可敲击胶合板的各部位，若声音发脆则证明质量良好，若声音发闷则表示板材已出现散胶的现象。

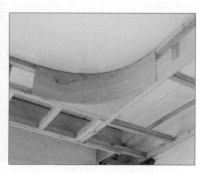

菱镁防火板

6.11

菱镁防火板又被称为菱镁板、玻镁板，是采用氧化镁、氯化镁、粉煤灰、农作物秸秆等工农业废弃物，添加耐水、增韧、防潮、早强等多种复合添加剂制成的防火材料。

在家居装修中，菱镁防火板主要用于轻钢龙骨隔墙中的填充材料，带有表面装饰层的型材可以直接用于家具、构造的表面装饰。在家居装修中，菱镁防火板可以替代传统指接板、胶合板制作墙裙、门板、家具等，也可以根据需要在表面涂刷各种油漆涂料，还可以与多种保温材料复合，制成保温构造。菱镁防火板的规格主要为2440mm×1220mm，厚度为3～18mm，外观有素板、装饰板多种，其中8mm厚的素板价格为20～30元/张。

小贴士 菱镁防火板具备高强、防腐、无虫蛀、防火等木材所没有的特性，能够满足各种装饰设计的需求。

材料选购

选购菱镁防火板时，首先，要注意使用部位，要起到防护作用，应该选用具有一定厚度的板材，作为家具表面铺贴，厚度应大于或等于8mm，过薄的板材防火性能较差。然后，观察板芯质地是否均匀，表面是否平整，劣质板材的板芯孔隙较大且不均衡。接着，用指甲用力刮一下板芯，劣质板材则容易脱落粉末。最后，查看板材包装，优质品牌的产品均有塑料薄膜覆盖。

6.12 防火装饰板

防火装饰板又称被为防火贴面板，耐火板，是由高档装饰纸、牛皮纸经过三聚氰胺浸染、烘干、高温高压等工艺制作而成，具体构造是由表层纸、色纸、基纸（多层牛皮纸）3 层组成。表层纸与色纸经过三聚氰胺树脂成分浸染，使耐火板具有耐磨、耐划等物理性能，多层牛皮纸使耐火板具有良好的抗冲击性、柔韧性。防火装饰板表面的三聚氰胺树脂热固成型后，具有硬度高、耐磨、耐划、耐高温、耐撞击等优势，表面毛孔细小，不易被污染，耐溶剂性、耐水性，绝缘性、耐电弧性良好且不易老化，防火板表面的花纹有极高的仿真性，能够起到以假乱真的效果。

防火装饰板的规格为 2440mm×1220mm，厚度为 0.8 ~ 1.2mm，其中 0.8mm 厚的板材价格为 20 ~ 30 元 / 张，特殊花色品种的板材价格较高。选购防火装饰板时，注意识别板材质量，优质防火装饰板表面应该图案清晰透彻、效果逼真、立体感强，没有色差，表面平整光滑、耐磨。

小贴士　优质板材能自由卷曲 2.5 圈，展开后仍能保持平整。

材料选购

选购防火装饰板时，要注意基层板材的甲醛含量不能超标，观察板材断面应该没有缝隙，且平整光滑、密实度较好。

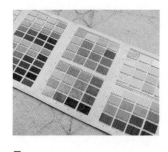

三聚氰胺板

6.13

三聚氰胺板，全称是三聚氰胺浸渍胶膜纸饰面人造板，简称三氰板、生态板、免漆板。它是将带有不同颜色或纹理的纸放入三聚氰胺树脂胶粘剂中浸泡，然后干燥到一定固化程度，将其铺装在木芯板、指接板、胶合板、刨花板、中密度纤维板等板面，经热压而成且具有一定防火性能的装饰板。

在家居装修中，三聚氰胺板一般用于橱柜或成品家具制作，可以在很大程度上取代传统木芯板、指接板等木质构造材料。但是由于表面覆有装饰层，在施工中不能采用气排钉、木钉等传统工具、材料固定，只能采用卡口件、螺钉作连接，施工完毕后还需在板面四周贴上塑料或金属边条，防止板芯中的甲醛向外扩散。三聚氰胺板的规格为 2440mm×1220mm，厚度为 15～18mm，其中 15mm 厚的板材价格为 80～120 元/张，特殊花色品种的板材价格较高。

小贴士 三聚氰胺板还可替代木制板材、铝塑板等做成镜面、高耐磨、防静电、浮雕、金属等饰面。

材料选购

选购时，要观察板面有无划痕、压痕、孔隙、气泡，颜色、光泽是否均匀，有无鼓泡现象、有无局部纸张撕裂或缺损现象。如果能闻到三聚氰胺板具有刺鼻气味，则可以断定基层板材质量不佳。

6.14 铝塑复合板

铝塑复合板简称铝塑板，是指以 PE 聚乙烯树脂为芯层，两面为铝材的 3 层复合板材，经过高温高压一次性构成的复合装饰板材。

铝塑复合板的规格为 2440mm×1220mm，厚度为 3 ~ 6mm 不等，普通板材为单面铝材，又被称为单面铝塑板，厚度以 3mm 居多，价格为 40 ~ 50 元 / 张。质地较好的板材多为双面铝材，平整度较高，厚度以 5mm 居多，其中铝材厚度为 0.5mm，价格为 100 ~ 120 元 / 张。铝塑复合板的外观有各种颜色、纹理，可选择性强。

小贴士 铝塑复合板一般有普通型与防火型两种，普通型铝塑复合板中间夹层如果是 PVC（聚氯乙烯），板材受热燃烧时将产生对人体有害的氯气；防火型铝塑复合板中间夹层为阻燃聚乙烯塑胶，呈黑色，而采用氢氧化铝为主要成分芯层，颜色通常为白色或灰白色。

材料选购

选购铝塑复合板要注意鉴别材料质量，首先，观察板材厚度，板材的四周应该非常均匀，目测不能有任何厚薄不一的感觉。然后，用尺测量板材的长、宽，长度在板宽的两边，宽度在板长的两边，优质板材的对边应该无任何误差。接着，观察板材表面的贴膜是否均匀，优质产品无任何气泡或脱落。最后，可以揭开贴膜的一角，用 360 号砂纸反复打磨 10 次左右，优质产品的表层不应该有明显划伤。

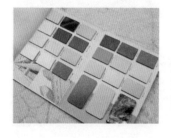

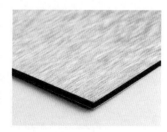

PC 板

6.15

PC 板的主要成分是聚碳酸酯，它是采用挤压技术生产的一种高品质塑料板材。PC 板的透光率最高可达 90%，可与玻璃相媲美，表面镀有抗紫外线（UV）涂层，在太阳光下曝晒能使板材不会发黄、雾化，可阻挡紫外线穿过，比较适合保护贵重艺术品及展品，使其不受紫外线破坏。

PC 板可以依照设计方案在施工现场采用冷弯工艺加工成拱形，最小弯曲半径为采用板厚度的 170 倍，也可以热弯。PC 板的品种很多，主要有 PC 阳光板、PC 耐力板等产品。PC 阳光板的规格为 2440mm×1220mm，厚度有 4mm、5mm、6mm、8mm 等多种，色彩主要有无色透明、绿色、蓝色、蓝绿色、褐色等，适用性非常强，如果需要改变阳光板的颜色，可以在板材表面粘贴半透明有色 PVC 贴纸。5mm 厚的 PC 阳光板价格为 60～100 元/张。PC 耐力板的规格为 2440mm×1220mm，厚度为 2～15mm，也有厂家可以生产宽度达到 2500mm 的产品。常见的 4mm 厚透明 PC 耐力板价格为 30～50 元/张。

小贴士 PC 板的抗撞击强度是普通玻璃的 250～300 倍，是同等厚度亚克力板的 30 倍，是钢化玻璃的 2～20 倍。

材料选购

选购 PC 板时要注意品牌，这类产品的用量不大，应该尽量选购高档产品。

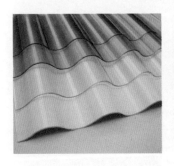
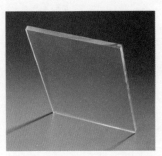
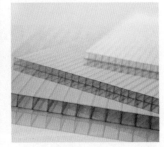

6.16 PVC 板

PVC 全称为聚氯乙烯，这种板材适用范围很广，生活中有很多用品、器物都由 PVC 材料制作。一般 PVC 塑料板可以分为硬 PVC 板与软 PVC 板。硬 PVC 板主要用于家具、构造的内外装饰板、容器衬板等，包括有色板与透明板两种；软 PVC 板一般用于墙地面铺设。

PVC 吊顶扣板图案品种较多，可供选择的花色品种有乳白色、米色与天蓝色等，图案有昙花、蟠桃、熊竹、云龙、格花、拼花等。PVC 吊顶扣板规格长度有 3m 与 6m 两种，宽度一般为 250mm，厚度有 4mm、5mm、6mm 等，价格为 15 ~ 30 元 /m²。

小贴士　仔细嗅闻板材，若带有强烈的刺激性气味，则说明对身体有害，应该选择无味、安全的产品吊顶。

材料选购

选购 PVC 吊顶扣板时，首先要求外表美观、平整，板面应该平整光滑、无裂纹、无磕碰，能拆装自如，表面有光泽、无划痕，用手敲击板面声音清脆。然后，查验板材的刚性与韧性，用力捏板材，如果捏不断则说明板质刚性好。最后，看产品包装有无厂名、地址、电话、执行标准，如果缺项较多，则基本可以认定为伪劣产品或不是正规厂家生产。要求生产或经销单位出示其检验报告，而且应该特别注意抗氧化指标是否合格，合格品才有利于防火。

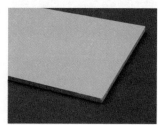

6.17 PMMA 板

PMMA 板又被称为聚甲基丙烯酸甲酯板或有机玻璃板、亚克力板，是由聚甲基丙烯酸甲酯聚合而成的塑料板材。

PMMA 板的机械强度高，抗拉伸和抗冲击的能力比普通玻璃高 7 ～ 18 倍。它的质量轻，密度为 1180kg/m³，同样大小的材料，其质量只有普通玻璃的 50% 左右。

PMMA 板的常见规格为 2440mm×1220mm，1830 mm×1220mm、1250mm×2500mm、2000mm×3000mm，厚度为 1 ～ 50mm 不等，价格也因此而不同。常用的 2440mm×1220mm×3mm 透明 PMMA 板价格一般为 20 ～ 30 元 / 张。

小贴士　PMMA 板属于家居高级装饰材料，如门窗玻璃、扶手护板、透光灯箱片等，在室内家居装修中可以替代面积不大的普通玻璃。

材料选购

选购 PMMA 板要注意产品品牌，中高档品牌双面都贴有覆膜，普通产品只是一面有覆膜，覆膜表面应该平整、光洁，没有气泡、裂纹等瑕疵，用手剥揭后能够感到具有次序的均匀感，无特殊阻力或空洞。对整张板材进行弯曲，会感到张力较大，富有弹性。

6.18 GRC 空心轻质隔墙板

GRC 空心轻质隔墙板又被称玻璃纤维增强水泥条板，是一种以低碱特种水泥、膨胀珍珠岩、耐碱玻璃涂胶网格布、专用胶粘剂与添加剂配比而成的轻质隔声隔墙板，板材截面呈圆孔或方孔。它将轻质、高强、高韧性和耐水、非燃、易于加工集于一体。GRC 空心轻质隔墙板的重量为黏土砖的 20％左右，其性能相当于传统二四砖墙。GRC 空心轻质隔墙板的耐水、防潮、防水、抗震性能均优于石膏板及硅钙板，施工特点在于安装速度快，易于操作。

目前，我国的 GRC 空心轻质隔墙板主要有平板与空心条板两类，其中 GRC 轻质空心条板的成型绝大多数采用平模浇注法，少数采用成组立模法。在施工中可锯、可钉、可钻，可采取干法作业。主要用于室内非承重内隔墙，适用于高层住宅建筑中的分室、分户，可以用于卫生间、厨房、书房等非承重部位的隔墙。

GRC 空心轻质隔墙板的规格为长 2.5 ～ 3mm，宽 600mm、900mm、1200mm，厚 60mm、90mm。其中厚 90mm 的墙板价格为 40 ～ 60 元 /m²。

GRC 空心轻质隔墙板不受形状限制，可以利用它各种富有想象力的设计，但是由于国内的产品技术不够成熟，故产品耐用度有待提高。

材料选购

选购轻质隔墙板时要注意，同种材质相同等级的 GRC 空心轻质隔墙板，往往价格有很大的差距，造成这些差距的除了品牌的原因，还可能是国产与进口的因素。在挑选 GRC 空心轻质隔墙板时，不一定挑进口的贵价就好。在材质和等级相同的情况下，通常选择国产品牌的 GRC 空心轻质隔墙板会相对省钱。

6.19 泰柏板

泰柏板是一种新型建筑材料，选用强化钢丝焊接成立体构架，以阻燃型聚苯乙烯泡沫板或岩棉板为板芯，两侧均配上2mm的冷拔钢丝网片（钢丝网目为50mm×50mm），钢丝斜插过芯板焊接而成，是目前取代轻质墙体最理想的材料。

泰柏板的自重轻，厚75mm的板材质量为3.8kg/m²，砂浆抹面后仅8kg/m²，较用砖墙减轻约70%。泰柏板还具备强度高、耐火、隔热、防震、保湿、隔声性好等优点。此外，泰伯板抗潮湿、抗冰冻融化、运输方便、无损耗，施工简单，施工周期短，能在表面作各种装饰，如涂料、面砖、墙纸、瓷砖等。泰柏墙的隔声量通常为41～53dB，视需要可提高到更好效果。由于泰柏墙板是以14号镀锌钢丝制成的桁条网笼为骨架，装配后钢丝网笼连成一体，总体质量极轻，抗震能力大大优于其他材料。

泰柏板适用于家居室内隔墙、围护墙、保温复合外墙，规格为2440mm×1220mm×75mm，此外，还有不同厂家提供其他规格，价格为20～30元/m²。

小贴士　基层抹灰采用25～30mm厚细石混凝土与横丝形成网片细石混凝土基层，以增加其强度和整体刚度。

材料选购

选购泰柏板时要注意，观察版面的平直度，用手摸一下感受一下材料的质感，并且选择正规的生产厂家。

轻质加气混凝土板

6.20

轻质加气混凝土板即 ALC 板，是一种高性能蒸压轻质加气混凝土板材。它是以粉煤灰或硅砂、水泥、石灰等为主要原料，经过高压蒸汽养护而成的多气孔混凝土成型板材，其中板材需经过处理的钢筋增强。轻质加气混凝土板具有容重轻、强度高、保温隔热性强、隔声性较强、耐火性强、耐久性高、抗冻性好、抗渗性好、软化系数高、施工方便、造价低、表面质量好、不开裂、吊挂物体方便等特点。

使用轻质加气混凝土板应该预先作科学合理的节点设计，熟悉安装方法，在保证节点强度的基础上确保墙体在平面外稳定性、安全性。在家居装修中用作室内内外隔墙板，或户外附属建筑（如工具间、车库等）的屋面板。轻质加气混凝土板的常用规格为 3000mm×600mm，厚度为 50 ~ 175mm，其中厚100mm 的产品价格为 50 ~ 60 元 /m²。

小贴士 轻质加气混凝土板既可以用作墙体材料，又可以用作屋面板，是一种性能优越的多功能板材。

材料选购

选购复合墙板的识别关键在于金属骨架与板材之间的结合度，优质产品应无任何缝隙，板面平整，金属骨架的规格符合产品标识数据。

6.21 轻质复合夹芯板

　　轻质复合夹芯墙板是一种全新的承重型保温复合板，是以高强度水泥为胶凝材料做面层，以耐碱玻璃纤维网格布、无纺布增强，以水泥、粉煤灰发泡为芯体，经过生产流水线浇筑、振动密实、整平，复合而成的高强、轻质、结构独特的保温轻质墙板。轻质复合夹芯墙板的综合性能达到现代建筑、装修行业的领先水平。

　　轻质复合夹芯墙板质量轻，由于板中间用聚苯乙烯代替，与同体积的混凝土楼板及墙板比较，其质量约减轻 50% 左右，具有较高的刚度和强度，耐火、保温且耐久性好。轻质复合夹芯墙板中的阻燃型聚苯乙烯起到了保温作用，而混凝土对钢筋的锈蚀起到了保护作用。

　　轻质复合夹芯墙板主要用于室内非承重内隔墙或墙体保温层，适用于高层住宅建筑中的分室、分户，可用于卫生间、厨房、书房等非承重部位的隔墙。轻质复合夹芯墙板的规格长度为 2500mm 与 3000mm，宽度为 600 ~ 1200mm，厚度为 60 ~ 120mm，特殊应用也可以根据实际环境来定制。其中厚 60mm 的墙板价格为 40 ~ 50 元 /m²。

材料选购

因为保温性不容易及时观察清楚，在选购轻质复合夹芯时要注意，选择具有合格生产资格的、售后服务有保障的品牌。

7

油漆涂料

7.1 石膏粉

石膏粉的主要原料是天然二水石膏，又称为生石膏。现代家居装修所用的石膏粉多为改良产品，在传统石膏粉中加入了增稠剂、促凝剂等添加剂，使石膏粉与基层墙体、构造结合更完美。石膏粉主要用于修补石膏板吊顶、隔墙填缝，刮平墙面上的线槽，刮平未批过石灰的水泥墙面、墙面裂缝等，能使表面具有防开裂、固化快、硬度高、易施工等特点。在装修过程中，石膏粉一般是用来做墙面基层处理的，如填平缝隙、阴阳角调直、毛坯房的墙面第一遍使用腻子找平等。

品牌石膏粉的包装规格一般为每袋 5 ~ 50kg 等多种，可以根据实际用量来选购，其中包装为 20kg 的品牌石膏粉价格为 50 ~ 60 元 / 袋，散装普通生石膏粉价格为 2 ~ 3 元 /kg。

材料选购

选购石膏粉要注意白度应与纸面石膏板和石膏线条的白度相当，不宜选购特别白或发黄的产品，以免与纸面石膏板、石膏线条不融合。同时应注意干燥度，用手触摸不能有潮湿感。目前市场上一些打着洋品牌的涂料油漆，实际上是在国外以很低的价格进口的垃圾涂料、过期产品，在国内重新灌装，贴上洋品牌，换上洋包装，在市场上销售，这种涂料的利润都在 4 ~ 5 倍。

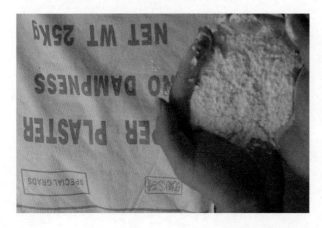

腻子粉

7.2

腻子粉是指在油漆涂料施工之前，对施工界面进行预处理的一种成品填充材料，主要使用目的是填充施工界面的孔隙并矫正施工面的平整度，为了获得均匀、平滑的施工界面打好基础。

腻子粉的品种十分丰富，知名品牌腻子粉的包装规格一般为 20kg/ 袋，价格为 50 ~ 60 元 / 袋。其他产品的包装一般为 5 ~ 25kg/ 袋不等，可以根据实际用量来选购，其中包装为 15kg 的腻子粉价格为 15 ~ 30 元 / 袋。

小贴士 墙面腻子需刮三遍，第一遍干透后才可进行第二遍，而第二遍与第三遍进行的相隔时间很短，又称为二带三。

材料选购

目前市场上的成品腻子种类繁多，价格差距很大。首先，打开包装仔细问一下腻子粉的气味，优质产品无任何气味，而有异味的一般为伪劣产品。接着，用手捏一些腻子粉，感受其干燥程度，优质产品应当特别细腻、干燥，在手中有轻微的灼热感，而冰凉的腻子粉则大多受潮。然后，仔细阅读包装说明，优质产品只需加清水搅拌即可使用，而部分产品的包装说明上要求加入 901 建筑胶水或白乳胶，则说明这并不是真正的成品腻子。最后，关注产品包装上的执行标准、质量、生产日期、包装运输或存放注意事项、厂家地址等信息，优质产品的包装信息应当特别完善。

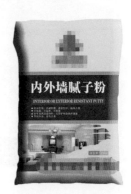

7.3 原子灰

原子灰是一种不饱和聚酯树脂腻子，是由不饱和聚酯树脂（主要原料）及各种填料、助剂制成，与硬化剂按一定比例混合，具有易刮涂、常温快干、易打磨、附着力强、耐高温、配套性好等优点，是各种底材表面填充的理想材料。

在家居装修，原子灰的作用与上述腻子粉一致，只不过腻子粉主要用于墙顶面乳胶漆、壁纸的基层施工，而原子灰主要用于金属、木材表面刮涂，或与各种底漆、面漆配套使用，是各种厚漆、清漆、硝基漆涂刷的基层材料。

小贴士　　原子灰主要是对底材凹坑、针缩孔、裂纹和小焊缝等缺陷的填平与修饰，满足面漆前底材表面的平整、平滑。

材料选购

原子灰的品种十分丰富，知名品牌腻子粉的包装规格一般为 3 ~ 5kg/ 罐，价格为 20 ~ 50 元 / 罐，可以根据实际用量来选购。

醇酸漆

7.4

醇酸漆又称为三宝漆，是由中油度醇酸树脂溶于有机溶剂中，加入催干剂制成。醇酸漆干燥快，硬度高，可抛光打磨，色泽光亮，耐热，但膜脆、抗大气性较差，主要用于室内外金属、木材表面涂装及醇酸磁漆罩光。

其缺点是干燥较慢、涂膜不易达到较高的要求，不适于高装饰性的场合。醇酸漆主要用于一般木器、家具及家庭装修的涂装，一般金属装饰涂装，要求不高的金属防腐涂装，一般农机、汽车、仪器仪表、工业设备的涂装等方面。

小贴士 醇酸漆具有良好的光泽、耐候性、施工性好，可以刷、喷、烘，附着力强，能经受气候的强烈变化。

材料选购

选购醇酸漆时，要注意以下几点。看光泽：看样品刷出的效果，是否光泽性很好，在灯光照射下是否反光柔和、不刺目。闻味道：刚刷出后闻一下味道是否刺鼻。耐水性：在刷后的样板上洒点水，看耐水性怎么样，是否有水珠滑下。附着力：在样板上洒点毛发，看附着力怎么样，如果粘在上面，说明附着力强，以后不易于清洁。

7.5 氟碳漆

氟碳涂料是指以氟树脂为主要成膜物质的涂料，又称氟碳漆、氟涂料、氟树脂涂料等。在各种涂料之中，氟碳漆由于引入的氟元素电负性大，碳氟键能强，具有特别优越的各项性能：耐候性、耐热性、耐低温性、耐化学药品性，而且具有独特的不黏性和低摩擦性。经过几十年的快速发展，氟碳漆在建筑、化学工业、电器电子工业、机械工业、航空航天产业、家庭用品的各个领域得到广泛应用。

氟碳漆具有优良的耐候性能，根据涂层、施工、环境的不同，氟碳漆在 10 ～ 30 年内失光、失色的范围在肉眼允许的误差范围内。也就是说 10 ～ 30 年之后氟碳外墙和刚喷完之后的一个月无明显的肉眼可见的差别。它具有优良的防腐蚀性能与极好的化学精髓，漆膜耐酸、碱、盐等化学物质和多种化学溶剂，为基本材料提供保护屏障。该漆膜坚韧度高、耐冲击、抗屈曲、耐磨性好，显示出极佳的物理机械性能。

材料选购

市面上氟碳漆价格差别很大，氟碳漆厂家良莠不齐，选购氟碳漆要认准环境标志产品。环境标志产品对挥发性有机物（VOC）有明确的限量规定。环境标志产品，不仅可以减少环境污染，避免施工中对人体的伤害。同时，因为其 VOC 含量低，固含量相对高，涂布率也高。

聚酯漆

7.6

聚酯漆也叫不饱和聚酯漆，它是一种多组分漆，是用聚酯树脂为主要成膜物制成的一种厚质漆。

聚酯漆中的异氰酸酯单体及其加成物对人体有强烈的刺激作用，游离的单体含量若超过规定标准，施工时对人的眼睛、皮肤和呼吸系统都会带来严重的刺激。如果长时间接触聚氨酯漆和聚酯漆，人体还有可能染上支气管炎、哮喘或肺气肿。另外，聚氨酯漆和聚酯漆中的溶剂和稀释剂大多数是毒性很大的苯类物质，要保证空气流通。

聚酯漆色彩十分丰富，漆膜厚度大，涂装 2 ~ 3 遍就能完全将基层材料覆盖。因为固化剂的使用，使漆膜的硬度更高，坚硬耐磨，丰富度高，耐湿热、干热、酸碱油、溶剂及多种化学药品，透明聚酯漆的透明度、光泽度高，保光、保色性能好，具有很好的保护性和装饰性。在家装中，聚酯漆主要用于木质纹理家具、构造表面涂装，多采用透明聚酯漆，它能让木器表面更亮泽。聚酯漆常用包装为 5kg/ 组，其中包含 2kg 主漆、2kg 稀释剂与 1kg 固化剂，价格为200 ~ 300 元 / 组。

小贴士 聚酯漆对水分和湿气特别敏感，因此施工时应注意保证容器的干燥，否则会造成凝胶而不能使用，或出现层间剥离、起泡等毛病。

材料选购

选购聚酯漆时要注意，从产品的外观上，聚酯漆一般标明有水性或水溶性字样，英文标识为 water-based ；并且在产品的运用说明中会标明能够直接加清水进行稀释的字样。而假充的水性木器漆则由于添加了溶剂成分，不能用清水进行稀释。

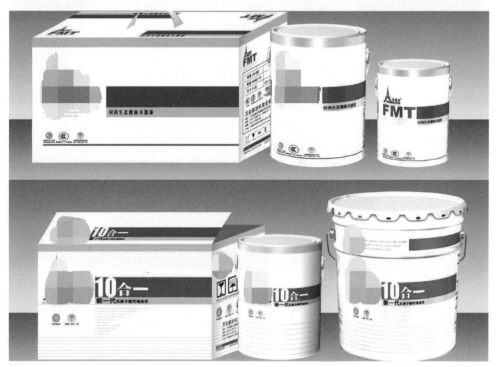

硝基漆 7.7

硝基漆是目前比较常见的木器及装修用油漆。硝基漆的主要成膜物以硝化棉为主，配合醇酸树脂、改性松香树脂、丙烯酸树脂、氨基树脂等软、硬树脂共同组成，此外还添加邻苯二甲酸二丁酯、二辛酯、氧化蓖麻油等增塑剂。硝基漆可分为外用清漆、内用清漆、木器清漆、彩色磁漆 4 类。

外用清漆由硝化棉、醇酸树脂、柔韧剂及部分酯、醇、苯类溶剂组成，涂膜光泽、耐久性好，一般只用于室外金属与木质表面涂装。内用清漆是由低黏度硝化棉、甘油松香酯、不干性油醇酸树脂、柔韧剂，以及少量的酯、醇、苯类有机溶剂组成，涂膜干燥快、光亮、户外耐候性差，可用作室内金属与木质表面涂装。木器清漆由硝化棉、醇酸树脂、改性松香、柔韧剂和适量酯、醇、苯类有机挥发物配制而成，涂膜坚硬、光亮，可打磨，但耐候性差，只能用于室内木质表面涂装。彩色磁漆由硝化棉、季戊四醇酸树脂、颜料、柔韧剂以及适量溶剂配制而成，涂膜干燥快，平整光滑，耐候性好，但耐磨性差，适用于室内外金属与木质表面的涂装。

在家居装修中，硝基漆主要用于木器及家具、金属、水泥等界面，一般以透明、白色为主。优点是装饰效果较好，不氧化发黄，尤其是白色硝基漆质地细腻、平整，干燥迅速，对涂装环境的要求不高，具有较好的硬度与亮度，修补容易。缺点是固含量较低，需要较多的施工遍数才能达到较好的效果。硝基漆常用包装为 0.5 ~ 10kg/ 桶，其中 3kg 包装产品价格为 70 ~ 80 元 / 桶，需要额外购置稀释剂调和使用。

小贴士 　硝基漆的耐久性不太好，尤其是内用硝基漆，其保光、保色性不好，使用时间稍长就容易出现诸如失光、开裂、变色等弊病。

材料选购

　　硝基漆的选购方法与清漆类似，只是硝基漆的固含量一般都大于或等于40％，气味温和，劣质产品的固含量仅在20％左右，气味刺鼻。硝基漆在运输时应防止雨淋、日光曝晒，避免碰撞。产品应存放在阴凉通风处，防止日光直接照射，并隔绝火源，远离热源的部位。

自动喷漆

7.8

　　自动喷漆,即气雾漆,通常由气雾罐、气雾阀、内容物(油漆)和抛射剂组成,就是把油漆通过特殊方法处理后高压灌装,方便喷涂的一种油漆,也叫手动喷漆。自动喷漆是人造漆的一种,用硝酸纤维素、树脂、颜料、溶剂等制成。通常用喷枪均匀地喷在物体表面,耐水、耐机油,干得快,用于喷涂汽车、飞机、木器、皮革等。该物质有毒性,对身体有一定影响,不同品牌的喷涂由于成分含量不同毒性也不同。使用时应特别注意安全,避免吸入和皮肤接触。

　　建议按 0.8m²/200ml 选取尺寸和数量,对于同样的工作的同颜色,最好选择同批次的产品,以免产生区域色差。使用前,均匀上下摇晃产品 2min,利用内置玻璃球搅匀油漆和气体。以便得到最佳效果。使用完毕后,若罐内有剩余,必须进行倒喷,即罐体倒置按喷 2~5 下喷头,以利用气体清洗管道内剩余气体,否则该产品在 1h 后会堵罐而报废。

小贴士　　距离喷涂表面 25 ~ 35cm 压下喷头,均匀移动喷漆罐,以达到一条喷漆带,上下喷涂,产生喷涂面,切忌在一个点连续喷涂,将造成倒流现象。

材料选购

　　选购自动喷漆时,要选择喷出率高、喷涂面积大、光泽度较好的产品。

7.9 岩片漆

岩片漆，也叫仿花岗石漆、花岗岩石漆，属新型纯水性化的不含任何溶剂型物质的砂壁状建筑涂料，富有花岗岩的风格、内涵、品位，是传统天然真石漆的升级换代品种。其广泛适用于高档气派的楼堂馆所、别墅等建筑墙面的装修饰面，更是瓷砖贴面老墙翻新改造一步到位实现豪华装修目的的最佳选择。

岩片漆具有极高的安全系数，如果外墙采用石材干挂饰面，将加载上千吨额外负担，严重危及生命财产。喷涂岩片漆仅占石材 1/20 的自重且施工简易，更可有效保障建筑物安全，并且更新方便、成本低。石材昂贵，拆装困难，日后难以舍弃难以更改；而喷涂岩片漆成本低廉，年久色调落伍之时则可十分方便地随意更新，紧跟时尚潮流。

小贴士 喷涂岩片漆，不仅减轻荷载，有效保护建筑物安全，更极大地减轻了工人搬运和安装笨重石材的劳动强度。

材料选购

选购岩片漆时，一定要注意岩片漆的悬浮物，好的岩片漆没有杂余的漂浮物，并且在保护水溶液体胶中的彩色粒子是非常明显的，反之就说明产品具有一定厚度，质量较差。

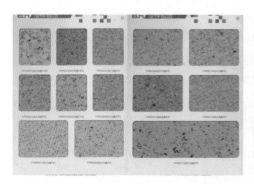

乳胶漆 **7.10**

乳胶漆又称为合成树脂乳液涂料，是有机涂料的一种，是以合成树脂乳液为基料加入颜料、填料及各种助剂配制的水性涂料。

乳胶漆干燥速度快。在 25℃时，30min 内表面即可干燥，120min 左右就可以完全干燥。乳胶漆耐碱性好，涂于碱性墙面、顶面及混凝土表面，不返粘，不易变色。色彩柔和，漆膜坚硬，表面平整无光，观感舒适，色彩明快而柔和，颜色附着力强。

乳胶漆根据生产原料的不同，主要有聚醋酸乙烯乳胶漆、乙丙乳胶漆、纯丙烯酸乳胶漆、苯丙乳胶漆等品种；根据产品适用环境的不同，分为内墙乳胶漆与外墙乳胶漆两种；根据装饰的光泽效果又可分为哑光、丝光、有光、高光等类型。在家居装修中，多采用内墙乳胶漆，用于涂装墙面、顶面等室内基础界面。

乳胶漆常用包装为 3 ~ 18kg/ 桶，其中 18kg 包装产品价格为 150 ~ 400 元 / 桶，知名品牌产品还有配套组合套装产品，即配置固底漆与罩面漆，价格为 800 ~ 1200 元 / 套。乳胶漆的用量一般为 12 ~ 18m²/L，涂装两遍。

小贴士　乳胶漆调制方便，易于施工。可以用清水稀释，能刷涂、滚涂、喷涂，工具用完后可用清水清洗，十分便利。

材料选购

　　乳胶漆品种繁多，在选购时要注意质量。首先，掂量包装，1桶5L包装的乳胶漆约重8kg，1桶18 L包装的乳胶漆约重25kg。还可以将桶提起来摇晃，优质乳胶漆晃动一般听不到声音，很容易晃动出声音则证明乳胶漆黏稠度不高。然后，可以购买1桶小包装产品，打开包装后观察乳胶漆，优质产品比较黏稠，且细腻、润滑，后用木棍挑起乳胶漆，优质产品的漆液自然垂落能形成均匀的扇面，不应断续或滴落。接着，可以闻一下乳胶漆，优质产品有淡淡的清香，而伪劣产品则有泥土味，甚至带有刺鼻气味，或无任何气味。最后，用手触摸乳胶漆，优质产品比较黏稠，呈乳白色液体，无硬块，搅拌后呈均匀状态。漆液能在手指上均匀涂开，能在2min内干燥结膜，且结膜有一定的延展性。

真石漆 7.11

真石漆又称为石质漆，主要由高分子聚合物、天然彩色砂石及相关助剂制成，干结固化后坚硬如石，看起来像天然花岗岩、大理石一样。

真石漆具有防火、防水、耐酸碱、耐污染、无毒、无味、黏结力强、永不褪色等特点，能有效地阻止外界环境对墙面的侵蚀，由于真石漆具备良好的附着力和耐冻融性能，因此特别适合在寒冷地区使用。真石漆具有施工简便，易干省时，施工方便等优点。此外，真石漆具有天然真实的自然色泽，给人以高雅、和谐、庄重之美感，可以获得生动逼真，回归自然的效果。

真石漆涂层主要由封底漆、骨料、罩面漆3部分组成。封底漆的作用是在溶剂（或水）挥发后，其中的聚合物及颜料会渗入基层的孔隙中，从而阻塞了基层表面的毛细孔，可以消除基层因水分迁移而引起的泛碱、发花等，同时也增加了真石漆主层与基层的附着力，避免了剥落、松脱现象。骨料是由天然石材经过粉碎、清洗、筛选等多道工序加工而成，具有很好的耐候性，相互搭配可调整颜色深浅，使涂层的色调富有层次感。罩面漆主要是为了增强真石漆涂层的防水性、耐污性，耐紫外线照射等性能，也便于日后清洗。

真石漆主要用于室内外各种界面涂装，真石漆常见桶装规格为5～18kg/桶，其中25kg包装的产品价格为100～150元/桶，可涂装15～20m²。

小贴士 真石漆的涂层施工干固后十分坚硬，用指甲无法抠动，一般的真石漆如果在良好的天气情况下施工3天后仍能用指甲抠动，应视为涂层太软，主要原因是选择的乳液不恰当。

材料选购

选购真石漆时，要注意选购中高档品牌，硅丙类的真石漆目前市场最高档的产品，具有卓越的抗水性、保色性、致密性、耐候性、耐久性，配合专业的高档底漆面漆，涂层的使用寿命可长达 10 ~ 15 年。而低档的苯丙类真石漆抗水性差，遇水涂层会泛白，保色性差，涂层容易变褪变色。

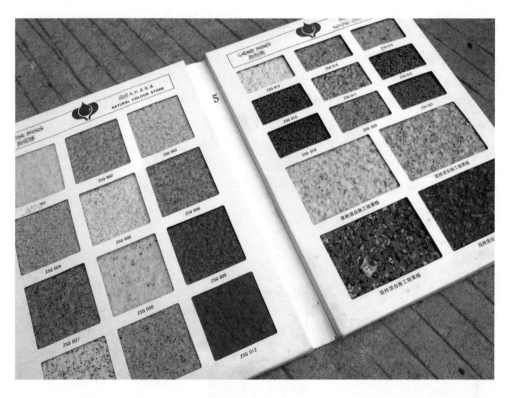

地板蜡油 **7.12**

　　地板蜡为白色油性高级固体蜡，带香味，高温呈油性半固体，低温呈硬固体，能快速渗入材质的毛细孔，用高速抛光机或洗地机进行抛光处理，使地面具有很强的光泽度、较高的耐磨性及封地效果，使粗糙地面形成坚硬的保护膜，特别防滑、抗刮、耐磨，能有效地防止水分、油污及其他物质侵蚀。

　　地板精油又称地板油、地板油精、木地板精油、木质精油、木质油精。地板精油有防刮伤、防干裂、防潮去污等作用，可有效延长地板的使用寿命，同时还有一定的杀菌作用。

　　使用地板蜡油可以起到清洁的作用，特别是刚装修的地板，应及早养护，形成一层保护膜，隔离开地板与污垢，避免这些污垢直接接触到地板，甚至渗入油漆内部，导致日后难清洁。地板蜡油不宜在强光或高温下使用。地板蜡油应存储于阴凉干燥处，避免加热或冷冻。勿让儿童接触，用后盖紧。一般地板蜡多为 350 克 / 盒。

材料选购

　　选购时要注意，现在在网络上面热卖的并且很便宜的地板精油，基本都是化学原料直接配置出来，对人体与地板的损害特别大。毕竟，木地板的保养与维护是长期的过程，而且人们日常都生活在其中，要选择通过无毒安全认证的地板精油。

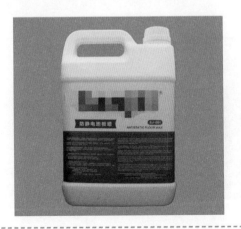

7.13 壁纸基膜

壁纸基膜是一种专业抗碱、防潮、防霉的墙面处理材料，能有效地防止施工基面的潮气水分及碱性物质外渗，避免对墙体装饰材料，如墙纸、涂料层、胶合板、装饰板造成返潮、发霉发黑等不良损害。

专业壁纸基膜是水性高科技材料研制而成，对人体无害，对环境无不良气体挥发，比起使用传统的油性醇酸清漆来说，有效地保护了室内环境，并比油性醇酸清漆使用寿命延长 3 ~ 5 倍。此外，壁纸基膜采用了弹性分子材料，还能在墙体出现微裂缝的情况下，有效保护墙面。

小贴士　　如今部分厂家为进步固含量，在基膜里增加粉质物，可是这种基膜干透后，不通明，不是晶莹剔透的，没有光泽度。

材料选购

选购壁纸基膜时，专业性强的商品一般性能对比优异，市面上有许多基膜是没有对于特定墙面的，而只是泛泛地适用于一切墙面。因为如今的墙面碱性都很大，如果挑选一般的基膜商品，不能起到避免墙纸发霉和变色的功用，这样的基膜刷上去也没有效果。

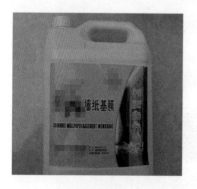

发光涂料 **7.14**

发光涂料又称为夜光涂料，是能发射荧光特性的涂料，能起到夜间指示作用，主要原料为成膜物质、填充剂、荧光颜料等。

发光涂料一般分为蓄发光型与自发光型两种。蓄发光型涂料由成膜物质、填充剂、荧光颜料等组成，荧光颜料（硫化锌）的分子受光照射后被激发、释放能量，夜间或白昼都能发光，明显可见。自发光型涂料加有少量放射性元素，当荧光颜料的蓄光消失后，因放射物质放出射线，涂料会继续发光，这类涂料对人体有害。

发光涂料具耐候性、耐光性、耐温性、耐化学稳定性、耐久性、附着力强等优良物化性能。可用于各种基材表面涂装。发光亮度分为高、中、低三种，发光颜色有黄绿、蓝绿、鲜红、橙红、黄、蓝、绿、紫等。发光涂料常用于 KTV、酒吧等采光较弱的娱乐空间。发光涂料常用包装为 0.1 ~ 1kg/ 罐，其中 1kg 包装的产品价格为 80 ~ 120 元 / 罐。

小贴士　使用前必须充分搅匀，被涂基材应先涂白色底漆，再涂发光涂料。若在发光层上再涂一层透明涂料，可提高表层的光泽度、强度及耐候性。

材料选购

选购发光涂料时，应看清包装上的使用说明书，结合将要涂刷的面积，确定购买的数量，避免浪费及随意丢弃剩余涂料，以免造成水环境污染。接触涂料后一定要洗手，防止涂料的潜在危害。购买的发光涂料应该具有一定的环保性能，产品并非价格越高的就越好，应该多关注它的环保性能和呈现出来的效果。

7.15 硅藻涂料

硅藻泥是一种以无机胶凝物质为主要黏结材料，以硅藻材料为主要功能性填料配制的干粉状内墙装饰涂覆材料。它具有消除甲醛、净化空气、调节湿度、释放负氧离子、防火阻燃、墙面自洁、杀菌除臭等功能，用来替代墙纸和乳胶漆，适用于别墅、公寓、医院等内墙装饰，所以硅藻涂料是一种新型的环保涂料。硅藻泥具有消除甲醛、释放负氧离子等功能，被称为"会呼吸的环保功能性壁材"。

硅藻泥主要原料源自海洋海藻类植物经过亿万年形成的硅藻矿物——硅藻土。硅藻涂料是以硅藻土为主要原材料，添加多种助剂制成的粉末装饰涂料。

硅藻泥本身没有任何的污染，而且有多种功能，是乳胶漆和壁纸等传统涂料无法比拟的。用硅藻泥装修时是不用搬家的，因为，在硅藻泥的施工过程中没有有害气体产生。

硅藻涂料目前主要用于住宅、酒店客房的墙面涂装，具有良好的装饰效果。硅藻涂料为粉末装饰涂料，在施工中加水调和使用。硅藻涂料主要有桶装与袋装两种包装，桶装规格为 5 ~ 18kg/ 桶，5kg 包装的产品价格为 100 ~ 150 元 / 桶。袋装价格较低，规格一般为 20 kg/ 袋，价格为 200 ~ 300 元 / 袋，用量约为 1kg/m²。

材料选购

选购时要注意，硅藻泥首先是一种彩色粉末涂料，粉体包装，现场加清水搅拌施工。粉体颜色均一，用玻璃片把粉体压成平面，应无白点、杂质等。另外还要看比重，如果掺有大量骨材，粉体材料比重就很大，感觉很重，说明硅藻土含量低。但也并非越轻越好。

防火涂料

7.16

　　防火涂料由基料（成膜物质）、颜料、普通涂料助剂、防火助剂、分散介质等原料组成。除防火助剂外，其他涂料组分在涂料中的作用和在普通涂料中的作用一样，但是在性能与用量上有的具有特殊要求。

　　防火涂料按照涂料的性能可以分为非膨胀型防火涂料与膨胀型防火涂料两大类。非膨胀型防火涂料主要用于木材、纤维板等板材质的防火，用在木结构屋架、顶棚、门窗等表面。膨胀型防火涂料主要用于保护电缆、聚乙烯管道、绝缘板，可用于建筑物、电力、电缆的防火。

　　防火涂料主要用于木质吊顶、隔墙、构造等基层材料的界面涂刷，如木质龙骨、板材表面。防火涂料常见包装规格为 5 ~ 20kg/ 桶，其中 20kg 包装的产品价格为 200 ~ 300 元 / 桶，其用量为 1m²/kg。

小贴士　　注意防火涂料在受到强火灼烧时，会大量发泡膨胀，表面聚集凸起，数分钟内不会出现烧损现象，而伪劣防火涂料则基本不发泡，会出现大量散落掉渣的情况，木质基材也会很快发生燃烧。

材料选购

防火涂料应购买知名品牌产品，由于用量不多，可以到大型建材超市或专卖店购买。

7.17 防霉涂料

防霉涂料是含有生物毒性药物，能抑制霉菌生长、发展的一种防护涂料，一般是由防霉剂、颜色填料、分散剂、成膜助剂、增稠剂、消泡剂、中和剂等组成。其中防霉剂是防霉涂料的关键，防霉剂对霉菌、细菌、酵母菌等微生物有广泛、持久、高效的杀菌与抑制能力。

现代防霉涂料具有装饰与防霉双重作用，它与普通装饰涂料的根本区别在于不仅防霉剂具备防霉功能，而且颜色填料与各种助剂也对霉菌有抑制功效。

在家居装修中，防霉涂料主要用于通风、采光不佳的卫生间、厨房、地下室等空间的潮湿界面涂装，用于木质材料、水泥墙壁等各种界面的防霉。防霉涂料常见包装规格为5～20L/桶，其中20L包装的产品价格为200～300元/桶。

小贴士 防霉涂料一般是在普通涂料中添加具备抑制霉菌生长的添加材料，且基料固化后漆膜完全致密，不吸附空气中水分与营养物，表面干燥迅速，因此能起到良好的防霉抑菌效果。

材料选购

选购防霉涂料时，如果有条件，可以让商家打开涂料检查一下，如果出现分层现象，则说明质量差，用木棍搅拌涂料，如果涂料在木棍上停留时间比较长的话，说明质量不错。

仿瓷涂料 7.18

仿瓷涂料又称为瓷釉涂料，是一种装饰效果类似瓷釉饰面的装饰涂料，主要原料为溶剂型树脂、水溶性聚乙烯醇、颜料等。

仿瓷涂料饰面外观较类似瓷釉，用手触摸有平滑感，多以白色涂料为主。因采用刮涂方式施工，涂膜坚硬致密，与基层有一定黏接力，一般情况下不会起鼓、起泡。如果在其上再涂饰适当的罩光剂，耐污染性及其他性能都会有所提高。但是涂膜较厚，不耐水，安全性能较差，施工较复杂，属于限制使用产品。仿瓷涂料主要用于室内墙面施工，仿瓷涂料常用包装为 5 ～ 25kg/ 桶，其中 15kg 包装的产品价格为 60 ～ 80 元 / 桶。

小贴士 仿瓷涂料施工时需严格按施工顺序操作，不能与其他涂料混用。施工过程中必须防水、防潮、通风、防火。

材料选购

选购仿瓷涂料时，要选择符合国家标准 (GB) 的产品。选用符合环境指标要求的仿瓷涂料能够大大降低室内空气中苯的含量；购买和使用经过专门烘烤处理的木材类产品，则可有效减少甲醛的释放。

7.19 绒面涂料

绒面涂料又称为仿绒涂料，是采用丁苯乳液、方解石粉、轻质碳酸钙粉及添加剂等混合搅拌而成的，根据实际经济水平与设计要求不同而选用不同配方的产品。绒面涂料具有耐水洗、耐酸碱、施工方便、装饰效果好等特点。

绒面涂料是一种低成本、无污染的新型装饰材料，由独特的着色粒子与高分子合成乳液通过特殊加工工艺合成。涂装后，涂层呈均匀凹凸状仿鹿皮绒毛的外观，给人以柔和、滑润、华贵优雅之感。由于采用多种着色粒子，涂料具有以往一般涂料无法显现的色彩。水性绒面涂料无毒、无味、无污染，具有优良的耐水性、耐酸碱性。

绒面涂料可广泛应用于室内墙面、顶面、家具表面的涂装，能用于木材、混凝土、石膏板、石材、墙纸、灰泥墙壁等不同材质表面施工。绒面涂料常用包装为 1 ~ 2.5kg/ 桶，其中 1kg 包装的产品价格为 60 ~ 100 元 / 桶，可涂装 3 ~ 4m²。

小贴士 使用中主要注意防潮，对墙面基层严格清理，防止起泡、脱落。

墙地面固化涂料　7.20

　　地固涂料是一种专门用于水泥地面上的涂料，适用于家庭装修或工程装修初期水泥地面的封面处理，防止跑沙现象。

　　地固采用进口高分子聚合物经过多道工序复合而成，高分子聚合物能渗透水泥地面，牢牢封锁水泥地面的松散颗粒，使地面形成紧密一体，便于装饰材料与地面紧密结合，有效防止地砖空鼓现象。地固防水防潮，可以避免木地板受潮气影响，也同时避免日后从地板缝隙中"扑灰"。

　　墙固涂料具有优异的渗透性，能充分浸润墙体基层材料表面，通过胶粘使基层密实，提高界面附着力，提高灰浆或腻子和墙体表面的粘接强度，防止空鼓。

　　墙固可以改善光滑基层的附着力，是传统建筑界面剂的更新换代产品，也适用于墙布和壁纸粘接。墙固无毒、无味，是绿色环保产品。

小贴士　　墙地固应储存在 5 ~ 40℃ 阴凉通风处，严禁暴晒和受冻，保质期一般为 12 个月。

材料选购

　　选购墙地面固化涂料时，如果闻到刺激性气味，那么就需要谨慎选择。要认真看清楚产品的质量合格检测报告，观察铁桶的接缝处有没有锈蚀、渗漏现象；注意铁桶上的明示标识是否齐全。对于进口涂料，最好选择有中文标识及说明的产品。

7.21 环氧地坪漆

地坪涂料是适用于混凝土、水泥砂浆地面涂装的特殊涂料，主要起到保护地面坚固、耐久，防止地面粉化的作用，具有一定的防潮、防水、隔声功能。地坪涂料的主要成膜物质为油脂或树脂，次要成膜物质为各种颜料、挥发性溶剂，具有较好的耐碱性、耐水性、耐候性，能常温成膜。

目前，使用率较高的是环氧树脂地坪涂料，主要用于装修前的地面涂装，涂装后可在表面做各种施工，如铺装地砖、铺设地板等。地坪涂料常用包装为 5 ~ 20kg/桶，使用时还需另购 5kg 包装的固化剂调和使用，其中 20kg + 5kg 包装产品价格为 500 ~ 600 元/套，可涂刷 80 ~ 100m² 的地面。

材料选购

选购环氧地坪漆时，应仔细查看包装，聚氨酯漆因具有较大的挥发性，产品包装应密封性良好，不能有任何的泄漏现象存在，金属包装的不应出现锈蚀，否则表明密封性不好或时间过长。不同的地坪漆包装规格各不相同，质量也各不相同，消费者购买时可用简便的方法分辨优劣：将每罐拿出来摇一摇，若摇起来有"哗哗"声响，表明分量不足或有所挥发。而质量优良的地坪漆，应手感细腻、光泽均匀、色彩统一、黏度适宜，具有良好的施工宽容度。

肌理涂料

7.22

肌理涂料又称为肌理漆、马来漆、艺术涂料，肌理是指物体表面的组织纹理结构，即各种纵横交错、高低不平、粗糙平滑的纹理变化，是呈现物象质感，塑造并渲染形态的重要视觉要素，其装饰效果源于油画肌理。

肌理涂料用于家居装修中，所形成的视觉肌理与触觉肌理效果独特，可逼真表现布格、皮革、纤维、陶瓷砖面、木质表面、金属表面等装饰材料的肌理效果，主要用于电视背景墙、沙发背景墙、床头背景墙、餐厅背景墙、玄关背景墙、吊顶与灯槽内部顶面，适用于高档住宅装修。

肌理涂料常用包装规格为 5 ~ 20kg/ 桶，其中 5kg 产品包装价格为 100 ~ 150 元 / 桶，可涂装 20 ~ 25m²，高档产品成组包装，附带有光泽剂、压花滚筒、模板等工具。

材料选购

选购肌理涂料时，要观察水溶，经过一段时间的储存，上面会有一层保护胶水溶液。观察漂浮物，凡质量好的涂料，在保护胶水溶液的表面，通常是没有漂浮物或有极少的彩粒漂浮物；但若漂浮物数量多，布满保护胶水涂液的表面，甚至有一定厚度，就表明这种涂料的质量差。

8

防水涂料

8.1 堵漏王

堵漏王是指一种高性能，集无机、无碱、防水、防潮、抗裂、抗渗、堵漏于一体的最新高科技产品，能够迅速凝固且密度和强度都极高。

堵漏王具有带水快速堵漏功能，初凝时间仅 2min，终凝 15min；迎、背水面均可施工，与基层结合成不老化的整体，有极强的耐水性；凝固时间可根据用户需求任意调节；防水、粘接一次完成，黏接力强；对钢筋无腐蚀；无毒、无味、环保、不燃，可用于饮用水工程。

施工时，基层必须干净、无起沙、无疏松、无空鼓;基面基层含湿率应在 5%以内，地面及地下建筑物防水基层含湿率在 10% 内方可施工；为延长防水层的使用寿命，保证工程质量，涂膜施工结束后，建议做保护层。堵漏王涂抹未固化前不得雨淋，禁止上人行走或进行其他作业；施工时，严禁与明火和水接触；常温下（25℃）保质期 12 个月。

小贴士 储存时要注意存放在阴凉和通风的地方，开封使用之后也一定要注意再次密闭保存，以备下次使用。

材料选购

因为堵漏王需要多次试验才能鉴别质量好坏，所以在选购时，应该尽量选择较好的产品。慢干型堵漏王的防渗漏效果较好，如果对防漏无时效要求，应当选用慢干型堵漏王。

JS 防水涂料

8.2

JS 防水涂料是指聚合物水泥防水涂料，又称 JS 复合防水涂料。JS 防水涂料是一种以聚丙烯酸酯乳液、乙烯－醋酸、乙烯酯共聚乳液等聚合物乳液和水泥、石英砂、轻重质碳酸钙等无机填料及各种添加剂所组成的无机粉料，通过合理配比、复合制成的一种双组份水性建筑防水涂料。

JS 防水涂料为绿色环保材料，它不污染环境、性能稳定、耐老化性优良、防水寿命长；使用安全、施工方便，操作简单，可在无明水的潮湿基面直接施工；黏接力强，适用于大多数材料；材料弹性好、延伸率可达 200%；抗裂性、抗冻性和低温柔性优良；施工性好，不起泡，成膜效果好、固化快；施工简单，刷涂、滚涂、刮抹施工均可。JS 防水涂料需要在湿面施工，加入颜料可做成彩色装饰层。无毒、无味，可用于食用水池的防水。适用于卫浴间，厨房防水，有饰面材料的外墙、斜屋面的防水，防潮工程的防水等。

材料选购

选购 JS 防水涂料时要注意，先要摇晃是产品后打开盖察看防水乳液面浮层透明水质或似水物体，存放较久有轻微沉淀现象，出现严重沉淀层肯定是伪劣产品。优质 JS 防水涂料气味较淡；伪劣产品一般含高 VOC 化助剂，有刺鼻或难闻气味，尤其是甲醛等有害物质。优质防水涂料在常温（25℃ 左右）下且湿度在 80% 以内时具快干特点（表干 4h 实干 8h），达到节约施工时间的效果；用劣质防水涂料会出现慢干或者化白现象。

8.3 K11 防水涂料

K11 防水涂料，是由独特的、非常活跃的高分子聚合物粉剂及合成橡胶、合成苯烯酯等所组成的乳液共混体，加入基料和适量化学助剂和填充料，经塑炼、混炼等工序加工而成的高分子防水材料。

K11 防水涂料能够覆盖发丝般的裂缝（小于 0.4mm），抵御极轻微的振荡；可在潮湿基面上施工，无须做砂浆保护层，即可直接进行粘贴瓷砖等后续工序；结晶体深入到底材毛细孔，抗渗抗压强度较高，具有负水面的防水功能；无毒、无害，可直接用于饮水池和鱼池；涂层具有抑郁霉菌生长的作用，能防止潮气盐分对饰面的污染。K11 防水涂料应存放于阴凉干燥处，严禁曝晒、雨淋。包装在正常存放条件下保质期 12 个月。

小贴士 K11 防水涂料适宜在 5 ~ 40℃的环境下使用，避免在高温、低温环境和室外阴雨天气使用。

材料选购

选购 K11 防水涂料时要注意，K11 防水涂料主要有两种颜色，一种是通用型的绿色，一种是柔韧型的蓝色。很多业主都希望能买到跟油漆一样颜色鲜艳的防水涂料，但是并非颜色越鲜艳，防水涂料的质量就越好，而是要用技术指标来判断质量的好坏。

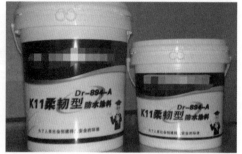

聚氨酯防水涂料

8.4

聚氨酯防水涂料是由异氰酸酯、聚醚等经加成聚合反应而成的含异氰酸酯基的预聚体，配以催化剂、无水助剂、无水填充剂、溶剂等，经混合等工序加工制成的单组分聚氨酯防水涂料。该类涂料为反应固化型（湿气固化）涂料，具有强度高、延伸率大、耐水性能好等特点。对基层变形的适应能力强。

聚氨酯防水涂料是一种液态施工的单组分环保型防水涂料，以进口聚氨酯预聚体为基本成分，无焦油和沥青等添加剂。它与空气中的湿气接触后固化，在基层表面形成一层坚韧的无接缝整体防膜。

小贴士　聚氨酯防水涂料绿色环保，无毒、无味、无污染，对人体无伤害。

材料选购

在购买此类防水涂料时，要有所要求和根据地去选购，既要掌握它的优点，又要掌握可能存在的使用问题，购买时要查看品牌、涂料的稀稠度、涂料的气味性、颜色是否和包装上说明的一致等。

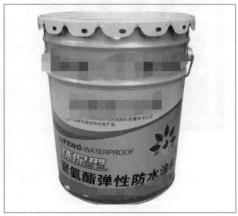

8.5 SBS 防水卷材

SBS 防水卷材是以苯乙烯－丁二烯－苯乙烯（SBS）热塑性弹性体作改性剂的沥青作为浸渍和涂盖材料，上表面覆以聚乙烯膜、细砂、矿物片（粒）料或铝箔、铜箔等隔离材料所制成的可以卷曲的片状防水卷材。

小贴士 施工温度宜在5℃以上，施工时要保证施工环境空气流通顺畅。

材料选购

选择 SBS 防水卷材的时候最好当面多咨询几个厂家的业务员，验证一下，不要太相信他们提供的样品和资料等，最好拿着他们提供的小样到其库房去核对一下是否一致。不要太看重价格，若真的是在资金方面有问题，就不必一味地要求使用 SBS 了，可以直接选择一些好厂家的 –10 度料，价格也许还会更低。

聚乙烯丙纶防水卷材

8.6

聚乙烯丙纶复合防水卷材是以原生聚乙烯合成高分子材料，加入抗老化剂、稳定剂、助黏剂等与高强度新型丙纶涤纶长丝无纺布，经过自动化生产线一次复合而成的新型防水卷材。

聚乙烯丙纶防水卷材被宣传成一种万能的防水材料，屋面、阳台、露台、地下室、厨卫、水池等处均可使用，因其价格低廉、工艺简单，所以在建筑市场泛滥成灾。但是，这类产品无论从材料的耐水性、耐久性、适应基层变形能力，还是施工应用的可靠性方面都存在重大缺陷，尤其是劣质"非标"材料导致的工程渗漏案例不胜枚举，成为国内建筑工程渗漏率居高不下的主要原因之一。

聚乙烯丙纶复合防水卷材一般卷材厚度分为 0.6mm、0.7mm、0.8mm、0.9mm、1.0mm、1.2mm 和 1.5mm；卷材克重为 300g、350g、400g、500g、600g；幅宽一般大于或等于 1000mm；长度为 50m、100m。

小贴士　聚乙烯复合防水卷材应避免与酸、碱、矿物油、凡士林等影响聚乙烯性能的化学物质接触，同时应避免与 80℃ 以上高温接触，以免卷材发生永久变形。

材料选购

选购聚乙烯丙纶防水卷材时，要仔细询问并看标签检查原料的使用，是否使用原生料，直接影响着聚乙烯丙纶防水卷材质量的好坏。

8.7 防水剂

水泥防水剂是一种化学外加剂，加在水泥中，当水泥凝结硬化时，随之体积膨胀，起补偿收缩和张拉钢筋产生预应力及充分填充水泥间隙的作用。防水剂又名防水精、堵漏王、堵漏灵，又分为有机和无机两种，是新型高科技防水产品。高级脂肪酸类砂浆防水剂具有防水寿命长、适用范围广、施工简单、成本低、安全环保的特点。

传统的防水措施，采用堵隔的办法，治标不治本，而防水剂从改变建筑材质的角度出发，不但从根本上解决了渗漏问题，而且使砂浆、混凝土空隙致密，提高了抗压、抗拉强度，同时在建筑物表面形成永久性防水膜，使屋面不膨胀、不变形、不脱落，能有效延长建筑物寿命。防水剂使用简单，只需按一定比例兑水后用低压喷雾器直接喷涂在干燥的建筑物表面即可，特别是厨房的防水处理，不需要刨地板砖即可完成，对建筑物表面的防水处理每人每天可完成300m² 以上，施工速度是传统防水材料的 20 倍。防水剂无毒、不燃，对人体无害，施工时只要在气温 5℃以上均可，固化后可耐 −70 ～ 180℃的温度范围，可广泛用于对楼面、房顶、墙面、地面、墙体、地下室、卫生间、地下通道、厨房、水池、涂料等进行防水处理，并且防冻、防脱落，使用该产品防水效果可达 10 年以上，成本只有传统防水材料的 1/10 左右。

小贴士 要根据所处理的石材表面类型来选择相应的防水剂。如果是光面大理石，选择适合处理光面大理石的防水剂；砂岩类石材则选用适合砂岩类型的防水剂；哑光面的石材则选用适合哑光面类型的防水剂。

材料选购

若国内品牌的防水剂能提供有关权威部门鉴定和认证的防水效果的检验报告，并且检验效果不低于或略低于国外同类产品，首选国内品牌。国内品牌在价格上有优势，又便于购买，出现产品质量上的争议时也较好协商，产品提供者的技术支持和售后服务也能及时跟上。国内的防水剂价格差别很大，如果认为价格高则防水效果好而选择了高价的防水剂，那么单位面积的防水剂成本就会过高。因此，选择防水剂时，应该兼顾价格和效果二者关系。

隔声吸声材料

9.1 岩棉吸声板

岩棉吸声板是以天然岩石如玄武岩、辉长岩、白云石、铁矿石、铝矾土等为主要原料，经高温熔化、纤维化而制成的无机质纤维板，密度为 60 ~ 130 kg/m³，防火温度为 80℃，具有质量轻、导热系数小、吸热、不燃的特点，是一种新型的保温、隔燃、吸声材料。

岩棉吸声板的规格为 1000mm×600mm、1200mm×600mm、1200mm×1000mm，厚度为 10 ~ 120mm 不等，用于装修施工中的产品厚约 50mm，表面无覆膜的板材价格为 20 ~ 30 元 /m²。

小贴士 岩棉吸声板外部需要覆盖装饰层，对软质板芯起保护作用。

材料选购

选购岩棉吸声板时，要注意鉴别产品质量。首先，优质产品的颜色应该一致，不能有白黄不一的现象。然后，观察板材的侧面，其胶块是否分布均匀，如果没有胶块则属于不合格岩棉板产品。接着，注意查看板材中是否含有矿渣，优质产品是否能看出很多较大矿渣，如果矿渣杂质没有被处理掉，则说明产品质量不高。作为消费者千万别选购这些产品。最后，认清产品的品牌与生产厂家，可以上网查看其知名度与产品质量体系认证。

布艺吸声板

9.2

采用树脂固化边框或木质封边而成，具有装饰、吸声、减噪等多种作用。布艺吸声板的基层板的环保标准应该达到 E1 级。布艺吸声板吸声频谱高，对高、中、低的噪声均有较佳的吸声效果。其具有防火、无粉尘污染、装饰性强、施工简单等特点，具备多种颜色与图案可供选择，也可以由装修业主提供饰面布料加工生产，还可以根据声学装修或业主要求，调整饰面布、框的材质。

成品布艺吸声板的规格为 1200mm×600mm、600mm×600mm、600mm×300mm，厚度为 25mm 或 50mm。厚 25mm 的布艺吸声板价格为 120～160 元 /m²。

小贴士 在家居装修中，布艺吸声板的使用频率会更高些，常用于客厅、卧室、书房等空间的背景墙。

材料选购

选购布艺吸声板时，除了关注面料的色彩、图案以外，还应该注意基层材料是否达到环保标准，表面手感应该均匀，富有一定的弹性，过软、过硬都会影响隔声效果，不少廉价板材的面料很光滑，但是内部材料的质地却很差。

9.3 聚酯纤维吸声板

聚酯纤维吸声板是将聚酯纤维经过热压，形成致密的板材。在生产过程中，其密度可以实现多样性，满足各种通风、保温、隔声的设计需要，是现代吸声与隔热材料中的优秀产品。在使用过程中，可以缩短并调节混响时间，清除声音杂质，提高声音传播效果，改善声音的清晰度。聚酯纤维吸声板具有装饰、保温、环保、轻体、易加工、稳定、抗冲击、维护简便等特点，是现代家居装修首选的吸声材料。

聚酯纤维吸声板的吸声系数随频率的提高而增加，高频的吸声系数很大，其后背留空腔及用它构成的空间吸声体可以大大提高材料的吸声性能。它还具有隔热保温的特性，具有多种颜色，可以拼成各种图案，表面压印形状有平面、方块、宽条、细条等多种，板材可弯成曲面形状，能够使室内体形设计更加灵活多变，富有效果，甚至可以将图形、图案通过打印机打印在聚酯纤维吸声板上。聚酯纤维吸声板适用于对隔声要求较高的住宅空间，如书房、卧室等室内墙面铺装，为了满足保洁要求，板材表面通常需包裹一层装饰面料，面料反折至板材背后采用强力胶粘贴到木芯板基层上。聚酯纤维吸声板还可以由平整型材加工成立体倒角样式，加工工艺简单，可在施工现场操作，满足不同的装修风格。

聚酯纤维吸声板的规格为 2440mm×1220mm，厚度为 5mm、9mm，其中 9mm 厚的产品价格为 100 ～ 150 元 / 张。此外，市场还有成品立体倒角板材或压花板材销售，具体规格与图案可以定制生产，具体价格折合成面积后与平板产品相当。

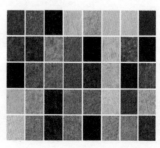
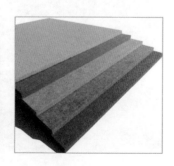

小贴士　　聚酯纤维吸声板除尘容易，维护简单。灰尘及杂质用吸尘器吸除或用掸子轻掸去除即可。较脏处也可以用毛巾加水和洗涤剂擦拭。

材料选购

聚酯纤维吸声板的质量差异不大，在选购时注意板材表面的手感，优质产品应当比较细腻、柔和，不应该有较明显的毛刺感。板材的软硬度适中，抬起板材一端时不发生折断即可。

9.4 吸声棉

　　吸声棉是一种人造纤维材料，主要有玻璃纤维棉与聚酯纤维棉两种。玻璃纤维棉采用石英砂、石灰石、白云石等天然矿石为主要原料，配合纯碱、硼砂等材料熔成玻璃，在融化状态下借助外力吹制成絮状细纤维，纤维之间为立体交叉状，彼此互相缠绕在一起，呈现出许多细小的间隙。聚酯纤维棉由超细的聚酯纤维组成，具有立体网状多孔结构，从而形成更多相互连接的孔隙，在摩擦损耗等作用下，其声能被转化为热能从而使声音被有效地加以抑制，也使得环保聚酯纤维吸声棉具有了比传统玻璃纤维棉、岩棉等材料更优越的吸声性能。

　　目前，在聚酯纤维吸声棉的基础上还研发了梯度吸声棉，它属于聚酯纤维隔声棉的一种，它在生产时使用100%聚酯纤维，利用热处理方法来实现密度多样化，采用层状叠压，严格控制压力，从而生成阶梯状密度，在手感上软硬度成渐递结构。除了能达到普通聚酯纤维吸声棉消除说话声等中高频噪声的效果，还能吸收电器、家具、墙地面、鞋底震动而产生的低频噪声。梯度吸声棉在现代家居装修中应用较多，主要用于石膏板吊顶、隔墙的内侧填充，尤其是填补龙骨架之间的空隙，或用于家具背部、侧面覆盖，对于隔声要求较高的砖砌隔墙，也可以将聚酯纤维吸声棉挂贴在其表面，再采用水泥砂浆找平。

　　聚酯纤维吸声棉一般成卷包装，密度为 $12kg/m^3$，宽度为1m，长度为10m或20m，厚度为20～100mm不等，用于装修施工中的产品厚50mm左右，价格为15～20元/m²。

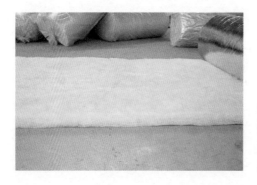

小贴士 目前，在家居装修中使用最多的吸声材料是聚酯纤维吸声棉。

材料选购

选购吸声棉，要注意鉴别产品的质量。首先，优质产品的颜色应该为白色，不能有白、灰不一的现象。然后，观察侧面，其层次是否分布均匀，如果纤维的厚薄不均则说明质量不高。接着，注意查看板材中是否含有较硬的杂质，优质的产品不应该有任何杂质。最后，认清产品品牌与生产厂家，可以上网查看其知名度与产品质量体系认证等情况。

9.5 隔声毡

隔声毡是一种质地较软且单薄的高密度隔声材料，品种较多，基材主要有沥青、橡胶、三元乙丙、聚氯乙烯、氯化聚乙烯等多种。

隔声毡以卷材形式包装销售，规格长度为 5m 或 10m，宽度为 1m，厚度为 1.2mm、2mm、3mm 3 种，颜色多为黑色，其中厚 2mm 的产品价格为 30 ~ 40 元 /m²，密度为 3.6kg/m³。施工时用美工刀裁剪成合适的大小、形状，无自粘胶型产品与其他材料复合时应该在材料表面均匀涂刷强力万能胶，粘贴于墙壁时，材料接缝处需要搭接宽度应大于或等于 50mm，夹在两层板材之间时，接缝处应该对齐。隔声毡单独使用时需要辅助框架固定，并保证接缝粘贴严密，用于管道包裹时，配合吸声棉使用，隔声效果会更好。

小贴士 隔声毡在生产过程中会加入填料，普遍使用的填料包括金属粉末、石英粉末等，目的是为了增加隔声毡的密度，从而增强隔声效果。

材料选购

选购隔声毡要注意鉴别产品质量，它直接影响最终的隔声效果。首先，观察隔声毡的密度，密度越高的材料隔声效果也就越好。然后，感受隔声毡的弹性与韧性，优质的隔声毡不但密度要高，还要韧性强。最后，可以多比较不同商家的产品，认清产品的品牌与生产厂家，可以上网查看其知名度与产品质量体系认证等情况。

波峰棉

9.6

波峰棉又名波浪棉、鸡蛋棉，是吸声棉中的一种，是经过设备特殊处理形成一面凹凸波浪形的吸声板材。波峰棉无毒、无味、环保卫生，是理想的室内隔声、吸声、音频反射材料。波峰棉又分为普通型与防火型两种产品，普通型为彩色产品，如红色、黄色、蓝色等，而防火型产品一般为黑色或白色。

波峰棉以往广泛应用于录音棚、录音室、KTV、会议厅、演播厅、影剧院等公共空间室内装饰，现在也开始进入家居住宅空间，适用于吊顶、隔墙中预埋安装，能有效降低噪声污染。波峰棉的常用规格为3000mm×1500mm，厚度为 30 ~ 100mm，其中厚 50mm 的产品价格为 20 ~ 25 元 /m²。波峰棉的厚度是两张波峰棉重合后的厚度，单张的厚度一般为重合厚度的 80% 左右。

小贴士　波峰棉的吸声效果与厚度、密度成正比，可以根据实际用途选择厚度。

材料选购

选购波峰棉时，要根据用途进行选购，如果对隔声需求比较高，可以选择较厚的波峰棉。如果隔声需求不是那么高，可以选择适中的厚度。

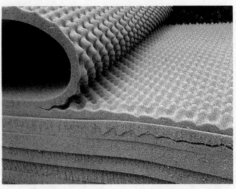

10

壁纸

10.1 塑料壁纸

　　塑料壁纸是目前生产最多、销售量最大的壁纸，它是以优质木浆纸为基层，以聚氯乙烯（PVC）塑料为面层，经过印刷、压花、发泡等工序加工而成。塑料壁纸的底纸，要求能耐热、不卷曲，有一定强度，一般为 80 ～ 150g/m² 的纸张。

　　塑料壁纸品种繁多，色泽丰富，图案变化多端，有仿木纹、石纹、锦缎纹、瓷砖纹、黏土砖纹等多种，在视觉上可以达到以假乱真的效果。塑料壁纸的种类主要分为普通壁纸、发泡壁纸、特种壁纸 3 种。普通壁纸是以 80 ～ 100g/m² 的纸张作基材，涂有 100g/m² 左右的 PVC 塑料，经印花、压花而成，这种壁纸适用面广，价格低廉，是目前最常用的壁纸产品。发泡壁纸是以 100 ～ 150g/m² 的纸张作基材，涂有 300 ～ 400g/m² 掺有发泡剂的 PVC 糊状树脂，经印花后再加热发泡而成，是一种具有装饰与吸声功能的壁纸，图案逼真，立体感强，装饰效果好。特种壁纸则包括耐水壁纸、阻燃壁纸、彩砂壁纸等多个品种。

　　塑料壁纸具有一定的伸缩性、韧性、耐磨性与耐酸碱性，抗拉强度高，耐潮湿，吸声、隔热，美观大方。施工时应采用涂胶器涂胶，传统手工涂胶很难达到均匀的效果。

小贴士　　塑料壁纸与纸面壁纸最大的区别在于它的防水性，在设计时可以不用考虑防水因素的限制。

材料选购

　　选购塑料壁纸时，要确定你所买的每一卷壁纸都是同一批货，壁纸每卷或每箱上应注明生产厂名、商标、产品名称、规格尺寸、等级、生产日期、批号、可拭性或可洗性符号等。这样在壁纸铺贴的整体性上会比较完美。

10.2 天然壁纸

天然壁纸是一种用草、麻、木材、树叶等自然植物制成的壁纸，也有用珍贵树种、木材切成薄片制成的。天然壁纸风格古朴自然，素雅大方，生活气息浓厚，给人以返璞归真的感受。

天然壁纸透气性能较好，能将墙体与施工过程中的水分自然排到外部干燥，且不会留下任何痕迹，因此不容易卷边，也不会因为天气潮湿而发霉。天然壁纸所使用的染料一般是从鲜花与亚麻中提取，不容易褪色，色泽自然典雅，无反光感，具有较好的装饰效果。更换壁纸时无须将原有壁纸铲除（凹凸纹除外），可直接铺装在原有壁纸表面，省钱省力，并能得到双重墙面保护的效果。

小贴士　天然壁纸优点甚多，但由于其材质为草、麻等，决定了它易损坏的特性，不宜用在潮湿部位。

材料选购

选购壁纸同时，也要了解一下基膜（墙体封底用）、胶粉、胶浆的使用功能，它们会直接影响壁纸的施工质量和后期效果。完整的一套壁纸施工包括底漆、胶水、墙纸，任何一个环节不环保都将影响最终施工效果。

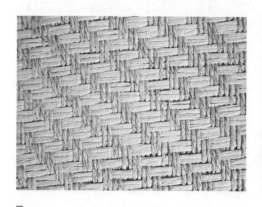

纺织壁纸 10.3

　　纺织壁纸是壁纸中的高级的产品，主要是用丝、羊毛、棉、麻等纤维织成，质地柔和、透气性好。

　　纺织壁纸又分为锦缎壁纸、棉纺壁纸、化纤壁纸三种。锦缎壁纸又称为锦缎墙布，缎面织有古雅精致的花纹，色泽绚丽多彩，质地柔软，且价格较高。棉纺壁纸是将纯棉平布处理后，经印花、涂层制作而成，具有强度高、静电小、色泽美观等特点。化纤壁纸是以涤纶、腈纶、丙纶等化纤布为基材，经印花而成，其特点是无味、透气、防潮、耐磨、耐晒、不分层、强度高、不褪色、质感柔和。

　　由于纺织壁纸是一种新型、豪华装饰材料，因其价格不同而具有不同的规格、材质。施工时，纺织壁纸与其他壁纸有区别，表面不能沾染任何污迹，另外，在施工中表面出现抽丝、跳丝现象，可以用剃须刀仔细刮除干净。

小贴士　　对于与复合型纺织壁纸材料之间的区别，主要是靠目测背衬材料不同的厚度来识别。

材料选购

　　选购纺织壁纸时，首先要考虑与装修风格搭配协调，其次查看墙纸的光洁度，检查是否存在色泽不均的问题；看中款式后要用手触摸其表面，感受是否具有凹凸感。最后，还可裁一块墙纸小样，用湿布擦拭纸面，看是否有脱色的现象。

10.4 静电植绒壁纸

静电植绒壁纸是指采用静电植绒法将合成纤维短绒植于纸基上的新型壁纸。常用于点缀性极强的局部装饰。

静电植绒壁纸有丝绒的质感与手感，不反光，具有一定吸声效果，无气味，不褪色，具有植绒布的美观、消声、杀菌、耐磨等特性，完全环保、不掉色、密度均匀、手感好、花型和色彩丰富。但是，静电植绒壁纸具有不耐湿、不耐脏、不便擦洗等缺点，因此在施工与使用时需注意保洁。

小贴士 静电植绒壁纸同时具有不耐湿，不耐脏，不便擦洗等缺点，故安装及使用时需注意保洁。

材料选购

选购静电植绒壁纸时要注意，现在很多在市场上销售的所谓"植绒"墙纸，只是在 PVC 墙纸或者无纺布墙纸中加入发泡剂，而在墙纸表面经发泡后形成的绒面。这样的墙纸虽然表面看上有植绒墙纸的特质，但是无论在环保性还是质量上来说都和真正的植绒墙纸相差很远，因此在选购过程中需要多加挑选并询问清楚。

金属膜壁纸 10.5

金属膜壁纸是在纸基上涂布一层电化铝箔（如铝铜合金等）薄膜（仿金、银），再经压花制成的壁纸。金属膜壁纸具有不锈钢、黄金、白银、黄铜等金属的质感与光泽，装饰效果华贵、耐老化、耐擦洗、无毒、无味、无静电、耐湿、耐晒、可擦洗、不褪色。

金属膜壁纸繁富典雅、高贵华丽，通常用于面积较大的客厅、餐厅、走道等空间，一般只作局部点缀，尤其适用于墙面、柱面的墙裙以上部位铺装。金属膜壁纸构成的线条颇为粗犷奔放，整片用于墙面可能会造成平庸的效果，但是适当点缀能不露痕迹地显露出家居空间的炫目与前卫。在选用时要注意，铺装金属膜壁纸的部位应当避免强光照射，否则会出现刺眼的反光，给家居环境带来光污染。

小贴士　避免强光照射到壁纸表面，否则会出现炫目的反光。

材料选购

选购金属膜壁纸时要注意，市面上销售的金属膜壁纸种类繁多，质量也是参差不齐的。对于缺乏一定选购经验的人来说，最好选用比较知名的、产品质量比较稳定的厂家的产品，即使因此多投入一些费用，也是值得的。

10.6 玻璃纤维壁纸

玻璃纤维壁纸又称为玻璃纤维墙布,是以中碱玻璃纤维为基材,表面涂树脂、印花而成的新型壁纸。基材采用玻璃纤维制成,进行染色及挺括处理,形成彩色坯布,再加以醋酸乙酯、适量色浆印花,经切边、卷筒制成。

玻璃纤维壁纸属于织物壁纸中的一种,一般与涂料搭配使用,即在壁纸表面上涂装高档丝光乳胶漆,颜色可随涂料本身的色彩任意调配,并可在上面随意作画,加上壁纸本身的肌理效果,给人以粗犷质朴的感觉,但其表面的丝光面漆又隐约透出几分细腻。此外,玻璃纤维壁纸具有遮光性,原有颜色可以覆盖,且具有轻微的弹性,能避免壁纸受到撞击出现凹陷。

小贴士 玻璃纤维壁纸具有轻微弹性,避免壁纸受到撞击,否则容易出现凹陷。

材料选购

选购时要注意,现在我们可以通过很多渠道购买到壁纸产品,但是在选择购买渠道时建议大家最好不要通过网上商城购买,因为单靠网站上的产品描述不但很难详细地了解壁纸的质感、触感及其他质量环节,由于显示器和拍摄原因还有可能产生色差,大大影响我们的判断力。

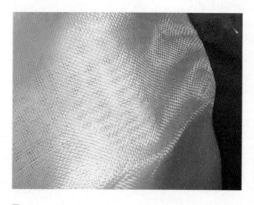

液体壁纸 **10.7**

液体壁纸是一种新型的艺术装饰涂料，为液态桶装，通过专有模具，可以在墙面上做出风格各异的图案。该产品主要取材于天然贝壳类生物的壳体表层，胶粘剂也选用无毒、无害的有机胶体，是真正的天然、环保产品。

液体壁纸之所以被称为绿色环保材料，是因为施工时无须使用建筑胶水、聚乙烯醇等，所以不含铅、汞等重金属及醛类物质，从而做到无毒、无污染。由于是水性材料，液体壁纸的抗污性很强，同时具有良好的防潮、抗菌性能，不易生虫，不易老化。液体壁纸不仅克服了乳胶漆色彩单一、无层次感及壁纸易变色、翘边、起泡、有接缝、寿命短的缺点，而且具备乳胶漆易施工、图案精美等特点，是集乳胶漆与壁纸的优点于一身的高科技产品。近几年来，液体壁纸产品开始在国内盛行，装饰效果非常好，成为墙面装饰的最新产品。

小贴士　一般情况下来说，液体壁纸的浓度较高，1.5kg 印花涂料可以施工 170m² 墙面；2kg 印花涂料可以施工 180 ～ 220m² 墙面。

材料选购

选购液体壁纸时要注意，好的液体壁纸漆颜色均匀，无沉淀和漂浮物，更无杂质以及颗粒，质量细腻柔滑。优质的液体壁纸漆绝对不会有刺激性气味或油性气味，反而有一股淡淡的清香，人闻过后绝对不会产生任何不良反应。优质的液体壁纸漆浓度稠密，不会过稠，更不会过稀。可拉出 20cm 左右的细丝。

10.8 荧光壁纸

荧光壁纸在纸面上镶有用发光物质制成的嵌条，能在夜间或弱光环境下发光。壁纸的发光原理有两种，一种是采用可蓄光的天然矿物质，在有外界光照的情况下，吸收一部分光能，将其储存起来，当外界光线很暗时，它又将储存的部分光能自然释放出来，从而产生荧光效果。另一种是采用无纺布作为原料，经紫光灯照射后，产生出发光的效果，由于必须借助紫光灯，所以安装成本比较高。

荧光壁纸的发光图案各不相同，有模仿星空的，也有卡通动画的，可以运用在客厅、卧室的墙壁上，而且这种壁纸上的化合物成分无毒无害，还可以用在儿童房里。荧光壁纸的原理决定了光能的释放过程不会太长，一般 20min 后壁纸就不会出现荧光效果。

小贴士　目前市场上的荧光壁纸多数采用前一种发光原理，也就是用无机质酸性化合物为颜料制作而成，在明亮中积蓄光能，暗淡后又重新释放光能，熄灯后 5 ~ 20min 就呈现出迷人的色彩、图案。

材料选购

选择荧光壁纸时要注意，尽量选择活性炭制作而成的，可以吸收空气中的有害物质，而且也能充分吸收灯光的光线，会在光源消失后 10min 后自动熄灭。

壁布

10.9

　　壁布实际上是壁纸的另一种形式，同样有着变幻多彩的图案、瑰丽无比的色泽，但在质感上比壁纸更胜一筹。壁布也被称为墙上的时装，具有艺术与工艺附加值。

　　壁布分为以下几种：单层壁布，由一层材料编织而成，其中一种锦缎壁布最为绚丽多彩，由于其缎面上的花纹是在三种以上颜色的缎纹底上编织而成，因而更显古典雅致；复合型壁布，由两层以上的材料复合编织而成，分为表面材料和背衬材料，背衬材料又主要分发泡和低发泡两种；玻璃纤维壁布，防潮性能良好，花样繁多。壁布价格方面可以满足不同层次的需要，为 10~1000 元 /m²。

小贴士　　如果壁布有异味，很可能是甲醛、氯乙烯等挥发性物质含量较高。

材料选购

　　壁布选购方法，看一看壁布的表面是否存在色差、褶皱和气泡，壁布的图案是否清晰、色彩均匀。可以用手摸一摸壁布，感觉它的质感是否良好，纸的薄厚是否一致。

11

窗帘

11.1 百叶窗帘

百叶窗帘有水平式与垂直式两种，水平百叶式窗帘由横向板条组成，只要稍微改变一下板条的旋转角度，就能改变采光与通风。板条有木质、钢质、铝合金质、塑料、竹制等。

水平百叶窗帘的特点是当转动调光棒时能使帘片转动，能随意调整室内光线，拉动升降拉绳能使窗帘升降并停留在任意位置。百叶窗帘的遮阳、隔热效果好，外观整洁明快，安装及拆卸简单，常用于客厅、书房、阳台等。垂直百叶窗帘的特点是帘片垂直、平整，间隔均匀，线条整洁、明快，装饰效果极佳。垂直百叶窗帘具有清洁方便、耐腐蚀、抗老化、不褪色、阻燃、隔热等特点，其中布艺垂直百叶还具有防潮、防水、防腐等特点。

百叶窗帘的条带宽有80mm、90mm、100mm、120mm等多种。不同材质的百叶窗帘需用在不同的空间内。例如，木质与竹制百叶窗帘适合用在家居，铝合金质或钢制的不适宜用在家居。常见的塑料百叶窗帘价格低廉，为60 ~ 80元/m²，金属与木材百叶窗帘价格较高，为150 ~ 250元/m²。

小贴士 　此外还有竹制百叶窗帘。竹帘有良好的采光效果，纹理清晰、色泽自然，使人感觉回归自然，而且耐磨、防潮、防霉、不褪色，适用于阳台、书房、餐厅等空间。

材料选购

选购百叶窗时，可以根据百叶窗叶片是否平滑均匀来判断产品质量的优劣；同时，也可以转动调节棒打开叶片，好的百叶窗各叶片间应保持良好的水平度，各叶片保持平直，无上下弯曲之感。

11.2 卷筒窗帘

卷帘具有外表美观简洁，结构牢固耐用等诸多优点，当卷帘面料放下时，能让室内光线柔和，免受直射阳光的困扰，达到很好的遮阳效果，当卷帘升起时它的体积又非常小，不易被察觉。

卷帘的形式多样，主要分为弹簧式、电动收放式、珠链拉动式三种。弹簧式卷帘最常见，结构小巧紧凑，操作灵活方便。电动收放式卷帘只需拨动电源开关，操作简便，工作安静平稳，是卷筒窗帘的高档产品，根据帘布的尺寸、重量可选用不同规格的电动机。珠链拉动式卷帘是一种单向控制运动的机械窗帘，只要在卷管负重范围内，就能保证帘布不会因自重而下滑，只要拉动珠链传动装置，帘布便会上升或下降，动作平滑稳定。

卷帘使用的帘布可以是半透明或乳白色及有花饰图案的编织物。具体又分为半透光性面料、半遮光性面料、全遮光性面料。卷帘的规格可以根据需求定制，弹簧式卷帘以 4m² 以内为宜，电动式卷帘的宽度可达 2.5m，高度可达 20m，珠链拉动式卷帘高度一般为 3 ~ 5m。常见的弹簧式卷帘价格较低，为 50 ~ 80 元 /m²。

小贴士 不同材质的卷筒窗帘需用在不同的空间内，例如，半透光性面料适合一般办公场所，全遮光性面料适合卧室与影视会议室。

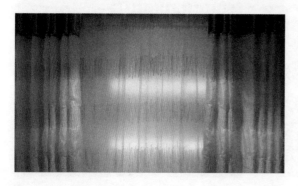

折叠窗帘

11.3

折叠窗帘的机械构造与卷筒窗帘类似，第一次拉动即下降，所不同的是第二次拉动时，窗帘并不像卷筒窗帘那样完全缩进卷筒内，而是从下面一段段打褶升上来，褶折幅度与间距要根据面料的质感来确定。

折叠窗帘使用的面料特别丰富，规格可根据需求定制，每个单元的宽度宜小于或等于 1.5m。中档折叠窗帘价格为 100 ～ 150 元 /m²。折叠窗帘应根据使用程度，定期更换窗帘拉绳，避免拉绳与窗帘发生缠绕，窗帘全部上升到位以后，仍会有一部分遮住窗户。

小贴士　　根据使用程度，定期更换窗帘拉绳，避免拉绳与窗帘发生缠绕，窗帘全部上升到位以后，仍会有一部分遮住窗户。

材料选购

选购折叠窗帘时，首先要闻气味，如果有刺鼻的气味，就可能有甲醛残留，最好不要购买。然后，折帘需提供 10 ～ 45mm 的打褶高度选择，标准为 20mm。最后要注意，帘布需经高温、高压、防静电处理，抗皱、不变形，防潮、防霉，不易沾染灰尘，污渍易清洗。

11.4 垂挂窗帘

垂挂窗帘的构造最复杂，由窗帘轨道、装饰挂帘杆、窗帘箱或帘楣幔、窗帘、吊件、窗帘缨（扎帘带）、配饰五金件等组成。垂挂窗帘除了注意不同的类型选用不同织物与式样以外，以前比较注重窗帘盒的设计，但是现在已逐渐被无窗帘盒的套管式窗帘所替代。此外，用窗帘缨束围成的帷幕形式也成为一种流行的装饰手法。

垂挂窗帘主要用于客厅、卧室等私密、温馨的空间里。垂挂窗帘规格可根据需求定制裁剪，中档垂挂窗帘价格为 200 ~ 300 元 /m²。

小贴士　　垂挂窗帘的花色要与室内空间相协调，根据所在地区的环境和季节而定。夏季宜选用冷色调织物，冬季宜选用暖色调织物，春秋两季则应选择中性色调织物。

材料选购

选购垂挂窗帘要注意，窗帘的密度基本上通过观察就能辨别。把窗帘对着阳光看，窗帘的密度高，则遮光性好，窗帘的密度低，则遮光性能差。如果是选择卧室用的窗帘，当然是选择遮光性较好的窗帘。

窗帘杆与滑轨 11.5

窗帘滑轨由滑轨、固定端构成，其特征在于其滑轨截面为凹凸形，其固定端为凹形槽，与滑轨固定连接，下端设置吊环。

窗帘滑轨常见的有两种，使用比较广泛的是比较直的那种轨道，安装也比较简单。还有一种可以折弯的轨道，因为有的窗户是带拐弯的，那样的话就建议使用弯轨。以上提到的两种窗帘滑轨，安装步骤其实是一样的，只是轨道形态不太一样。

窗帘滑轨的配件有：固定件、滑轮、膨胀螺丝或自攻螺丝、封口堵。

小贴士　冬季装修时，这种可以折弯的窗帘轨道在折的时候要小心，以免折断。

材料选购

选购窗帘杆与滑轨时，实用性及美观性两者都需要考虑在内，窗帘的材质要与其风格及整体效果协调。还有就是考虑窗帘滑轨的承重能力，选购塑钢轨道的时候，尽量不选择很重的轨道，同体积、同厚度下，重量越轻质量越好。

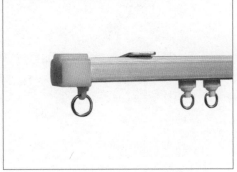

12

地毯

12.1 纯毛地毯

纯毛地毯主要原料为粗绵羊毛，毛质细密，弹性较好，受压后能很快恢复原状。它采用天然纤维，不带静电，不易吸尘土，还具有一定阻燃性。纯毛地毯具有图案精美，色泽典雅，不易老化、褪色，吸声，保暖，脚感舒适等特点，它属于高档地面装饰材料，备受人们的青睐。

纯毛地毯分为手工编织与机织两种。手工编织的纯毛地毯是我国传统纯毛地毯中的高档品，它采用优质绵羊毛纺纱，经过染色后织成图案，再以专用机械平整毯面，最后洗出丝光。手工编织纯毛地毯具有图案优美、色泽鲜艳、富丽堂皇、质地厚实、富有弹性、柔软舒适、保温隔热、吸声隔声、经久耐用等特点。机织纯毛地毯是现代工业发展起来的新品种，机织纯毛地毯具有毯面平整、光泽好、富有弹性、脚感柔软、抗磨耐用等特点，其性能与纯毛手工地毯相似，但价格远低于手工地毯，其回弹性、抗静电、抗老化、耐燃性等都优于化纤地毯。

纯毛地毯优点甚多，但是它属于天然材料产品，抗潮湿性相对较差，而且容易发霉、虫蛀，影响地毯外观，缩短使用寿命。

小贴士　　羊毛地毯为动物毛类，动物毛类为动物蛋白质纤维，易缩水，所以不建议水洗，一般宜送到专业洗涤店干洗。对于毛类织物脏了一定要立刻清洁，以免留下痕迹。污迹在上面停留的时间越长，越不容易被洗掉；并且时间一长，污迹渗入纤维中，清洁时必然会用力摩擦，这样更容易造成地毯受损。对于沾染局部轻微污渍，可尝试用毛巾蘸取中性洗衣液或丝毛类专用洗涤剂水溶液轻轻擦拭毛面，去除污渍后，以同样的方法用干净的毛巾蘸清水清除洗涤剂残留液。

材料选购

　　选购纯毛地毯时，可以从羊毛地毯抽出一根丝，用打火机点燃，观察燃烧后的物体：纯毛燃烧时没有火焰，会冒烟、起泡，带有一点臭味，燃烧后的残留物是光泽的黑色固体，用手指一压就碎。

12.2 混纺地毯

混纺地毯是以纯毛纤维与各种合成纤维混纺而成的地毯，因掺有合成纤维，所以价格较低，使用性能有所提高。例如，在羊毛纤维中加入 20% 的尼龙纤维混纺后，可使地毯的耐磨性提高 5 倍，混纺地毯在图案花色、质地、手感等方面与纯毛地毯相差无几，装饰性能不亚于纯毛地毯，并且价格比纯毛地毯便宜。

混纺地毯的品种极多，常以毛纤维与其他合成纤维混纺制成，例如，80% 的羊毛纤维与 20% 的尼龙纤维混纺，或 70% 的羊毛纤维与 30% 的烯丙酸纤维混纺。混纺地毯价格适中，同时还克服了纯毛地毯不耐虫蛀和易腐蚀等缺点，在弹性与舒适度上又优于化纤地毯。

在家居装修运用中，混纺地毯的性价比最高，色彩样式繁多，既耐磨又柔软，在室内空间可以大面积铺设，如书房、客卧室、棋牌室等，但是日常维护比较麻烦。

小贴士　于家居装饰而言，混纺地毯的性价比最高，色彩样式繁多，既耐磨又柔软，在室内空间可以大面积铺设，但是日常维护就比较麻烦。

材料选购

选购混纺地毯时要注意，用手触摸地毯表面，用力稍微按一下地毯，地毯会不会有刺手、掉毛的问题。再用手轻轻抖动地毯，是否会有脱毛或者毛纤维不均匀的问题发生。

化纤地毯 **12.3**

　　化纤地毯的出现是为了弥补纯毛地毯价格高、易磨损的缺陷。化纤地毯一般由面层、防松层、背衬3部分组成。面层以中、长簇绒纤维制作。防松层以氯乙烯共聚乳液为基料，添加增塑剂、增稠剂、填充料，以增强绒面纤维的固着力。背衬是用胶粘剂与麻布胶合而成。

　　化纤地毯的种类较多，主要有尼龙、锦纶、腈纶、丙纶、涤纶地毯等。化纤地毯中的锦纶地毯耐磨性好，易清洗、防腐蚀、防虫蛀、防霉变，但易变形，易产生静电，遇火会局部熔解。腈纶地毯柔软、保暖、弹性好，在低伸长范围内的弹性恢复力接近羊毛，比羊毛质轻，防霉变、防腐蚀、防虫蛀，缺点是耐磨性差。丙纶地毯质轻、弹性好、强度高，原料丰富，生产成本低。涤纶地毯耐磨性仅次于锦纶，耐热、耐晒、防霉变、防虫蛀，但染色困难。

小贴士　　化纤地毯相对纯毛地毯而言，比较粗糙，质地硬，一般用在走道、客厅、餐厅、书房等空间，价格很低，尤其放在书房的办公桌下，能减少转椅滑轮与地面的摩擦。

材料选购

　　选购时应注意观察地毯的绒头密度，可用手去触摸地毯，产品的绒头质量高，毯面就丰满，这样的地毯弹性好、耐踩踏、耐磨损、舒适耐用，注意观察毯背是否有脱衬、渗胶等现象。

12.4 剑麻地毯

　　剑麻地毯属于植物纤维地毯，以剑麻纤维为原料，经纺纱编织、涂胶及硫化等工序制成，产品分素色与染色两种，有斜纹、鱼骨纹、帆布平纹等多种花色。

　　剑麻地毯纤维是从龙舌兰植物叶片中抽取的，有易纺织、色泽洁白、质地坚韧、强力大、耐酸碱、耐腐蚀、不易打滑等特点。剑麻地毯是一种全天然的产品，它含水分，可随环境变化而吸湿或放出水分来调节环境及空气温度。剑麻地毯还具有节能、可降解、防虫蛀、阻燃、防静电、高弹性、吸声、隔热、耐磨损等优点。

　　剑麻地毯与羊毛地毯相比更为经济实用；但是，剑麻地毯的弹性与其他地毯相比，就要略逊一筹，手感也较为粗糙。剑麻地毯在使用中要避免与明火接触，否则容易燃烧。

小贴士　　使用中避免与明火接触，否则容易燃烧。

材料选购

　　在选购地毯时，要注意地毯是在住宅，还是办公室、娱乐厅，或者公共场所等地方使用。这个很关键。不同的场所，选择地毯将会有不同的方向。当然造价、颜色大局上也有一些差异。

倒刺板 **12.5**

　　倒刺板在不同地方可能有不同的叫法，一般叫倒刺钉板条，因为它是条状的，所以也有人叫它钉条，就是有钉子的木板条。

　　根据不同的毯子和不同的铺设场合会有所不同，可以有很多规格。一般是1200mm长，24mm宽，6mm厚。它是以三合板裁成条，再在其上斜向钉两排钉（间距为35～40mm），在相反的一面钉若干个高强水泥钢钉均匀分布在整个木条上（水泥钢钉间距约400mm左右，距两端各约100mm左右）。这样就可以把钉条钉到水泥地上，而使有斜钉的一面朝上，并且钉尖是指向墙面的，小心不要指向地面。然后，再在其上铺设地毯，使地毯挂在钉上，这样地毯就不会倒翻、卷边、起皱和移位了。

小贴士　　钉倒刺板时应注意不损坏踢脚板，必要时可用薄钢板保护墙面。

材料选购

　　选购倒刺板时，要看板上的排钉是否均匀分布，并检查钉子的强度是否符合标准。

13

玻璃

13.1 普通玻璃

普通玻璃分为平板玻璃和镜面玻璃。平板玻璃又称为白片玻璃或净片玻璃，是最传统的透明固体玻璃。它是未经过进一步加工，表面平整而光滑，具有高度透明性能的板状玻璃的总称，是现代家居装修中用量最大的玻璃品种，是各种装饰玻璃的基础材料。

平板玻璃按厚度可分为薄玻璃、厚玻璃、特厚玻璃。平板玻璃还可以通过着色、表面处理、复合等工艺制成具有不同色彩与各种特殊性能的玻璃制品。

平板玻璃的规格一般不低于 1000mm×1200mm，厚度通常为 2 ~ 20mm，其中厚度为 5 ~ 6mm 的产品最大可以达到 3000mm×4000mm。目前，常用平板玻璃的厚度有 0.5 ~ 25mm 多种，应用方式均有不同。目前，在家居装修中，5mm 厚的平板玻璃应用最多，常用于各种门、窗玻璃，价格为 35 ~ 40 元 /m²。

镜面玻璃又称为涂层玻璃或镀膜玻璃，它是以金、银、铜、铁、锡、钛、铬或锰等的有机或无机化合物为原料，采用喷射、溅射、真空沉积、气相沉积等方法，在玻璃表面形成氧化物涂层。镜面玻璃的涂层色彩有多种，常用的有金色、银色、灰色、古铜色等。这种带涂层的玻璃，具有视线的单向穿透性，即视线只能从有镀层的一侧观向无镀层的一侧。目前，在家居装修中运用的镜面玻璃分为铝镜玻璃与银镜玻璃。铝镜玻璃背面为镀铝材质，颜色偏白、偏灰，一般用于背景墙、吊顶、装饰构造的局部，价格较低。银镜玻璃背面为镀银材质，经敏化、镀银、镀铜、涂漆等系列工序制成，成像纯正、反射率高、色泽还原度好，一般用于家居卫生间、梳妆台上的镜面，价格较高。

镜面玻璃的规格与平板玻璃一致，厚度通常为 4 ~ 6mm，其中 5mm 厚的银镜玻璃价格为 40 ~ 45 元 /m²。

小贴士　注意观察镜面是否平整，反射的影像不能发生变形。

材料选购

选购时应注意观察镜面玻璃是否平整，反射的影像不能发生变形。

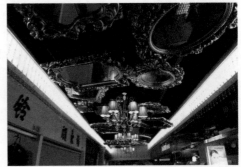

13.2 磨砂玻璃

　　磨砂玻璃是在平板玻璃的基础上加工而成的，一般使用机械喷砂或手工碾磨，也可以使用氟酸溶蚀等方法，将玻璃表面处理成均匀毛面，表面朦胧、雅致，具有透光不透形的特点，能使室内光线柔和且不刺眼。因此，磨砂玻璃又称为毛玻璃，由于表面很粗糙，因此只能透光而不能透视。

　　磨砂玻璃由于其透光不透视的性能，多用于需要隐秘或不受干扰的空间，如厨房、卫生间、卧室等空间的门窗、灯箱、局部装饰构造。磨砂玻璃的规格与平板玻璃相当，5mm 厚的双面磨砂玻璃价格为 40 ~ 50 元 /m²。

小贴士　　磨砂玻璃由于其透光不透视的性能，多用于需要隐秘或不受干扰的空间，注意玻璃的表面磨砂效果要保持均匀，无透亮点。

材料选购

选购磨砂玻璃时，要注意玻璃的表面磨砂效果应保持均匀，无透亮点。

压花玻璃

13.3

压花玻璃又称为花纹玻璃或滚花玻璃，是采用压延法制造的一种平板玻璃。压花玻璃又可分为普通压花玻璃、真空镀膜压花玻璃、彩色压花玻璃3种。普通压花玻璃表面有各种图案花纹；真空镀膜压花玻璃给人美观、素雅、清新的感觉，花纹立体感强；彩色膜压花玻璃的花纹图案立体感更强，配置灯光效果更佳。

压花玻璃的基本性能与普通透明平板玻璃相同，仅在光学上具有透光不透视的特点，因表面凹凸不平而具有不规则的折射角度，可将集中光线分散，使光线柔和，并具有隐私保护作用且能形成一定的装饰效果。

压花玻璃主要适用于住宅室内需要阻断视线的部位，或用于墙、顶面装饰造型。压花玻璃的规格与平板玻璃相当，5mm 厚的压花玻璃价格为 40 ~ 100 元 /m²，具体价格根据花形不同而有区别。

小贴士　　注意观察玻璃上的气泡，每平方米允许个数应在 10 个以内，不允许有夹杂物，表面上受压辊损伤造成的伤痕每平方米内应少于 4 条。

材料选购

选购压花玻璃时，注意观察玻璃上气泡应少于 10 个 /m²，不允许有夹杂物，表面上受压辊损伤造成的伤痕应少于 4 条 /m²。

13.4 雕花玻璃

雕花玻璃又称为雕刻玻璃，是在普通平板玻璃上，利用空气压缩机的强气流在玻璃上冲出各种深浅不同的痕迹、图案或花纹的玻璃。

雕花玻璃分为人工雕刻与电脑雕刻两种，其中人工雕刻是利用娴熟刀法的深浅与转折配合，表现出玻璃的质感，使所绘图案予人呼之欲出的感受；电脑雕刻又分为机械雕刻与激光雕刻，其中激光雕刻的花纹细腻、层次丰富。

雕花玻璃适用于住宅室内需要阻断视线的部位，或用于墙、顶面装饰造型。雕花玻璃的规格与平板玻璃相当，但是厚度较大，8mm 厚的雕花玻璃价格为 200 ~ 500 元 /m²，电脑雕刻产品价格更高，可达到 1000 元 /m² 以上，具体价格根据花形不同而有区别。

小贴士　　雕花玻璃是现代艺术玻璃的基础，一般为凹雕花纹玻璃，雕花通常不磨光。雕花图案透光不透形，有立体感，层次分明，效果高雅，可以配合喷砂效果来处理，图形、图案丰富。

材料选购

选购雕花玻璃时，要注意花纹中是否存在裂纹或缝隙，这些瑕疵都会影响到玻璃自身的强度。

变色玻璃 **13.5**

变色玻璃又称为七彩玻璃，是在适当波长光的辐照下改变其颜色，而移去光源时则恢复其原来颜色的玻璃。又称光致变色玻璃或光色玻璃，是在玻璃原料中加入光色材料制成的。

变色玻璃的着色、褪色是可逆的，并且经久不疲劳、不劣化。如果改变玻璃的组成成分、添加剂及热处理条件，可以改变变色玻璃的颜色、变色、褪色速度及平衡度等性能。

用变色玻璃制作门窗玻璃，可使烈日下透过的光线变得柔且有阴凉感，在住宅装修能中起到环保节能的作用。变色玻璃的规格与平板玻璃相当，5mm 厚的变色玻璃价格为 100 ~ 120 元 /m²。

小贴士 　用变色玻璃制作窗玻璃，可使烈日下透过的光线变得柔和且有阴凉之感，在现代设计中起到环保节能的作用，变色玻璃也可用于制作太阳镜片。

材料选购

选购变色玻璃时，可以在光源下进行比较,观察其颜色饱和度是否足够高。

13.6 彩釉玻璃

　　彩釉玻璃又称为烤漆玻璃，是在平板玻璃或压花玻璃表面涂敷一层易熔性色釉，然后加热到釉料熔化的温度，使釉层与玻璃表面牢固地结合在一起，经烘干、钢化处理而制成的玻璃装饰材料。

　　彩釉玻璃釉面永不脱落，色泽及光彩保持常新，背面涂层能抗腐蚀、抗真菌、抗霉变、抗紫外线，能耐酸、耐碱、耐热、防水、不老化，更能不受温度与天气变化的影响。它可以制成透明彩釉、聚晶彩釉、不透明彩釉等品种。彩釉玻璃颜色鲜艳，个性化选择余地大，有超过上百余品种可供挑选。

　　目前市面上又出现了烤漆玻璃，工艺原理与彩釉相同，但是漆面较薄，容易脱落，价格相对较低。彩釉玻璃的规格与平板玻璃相当，5mm 厚的彩釉玻璃价格为 100 ～ 120 元 /m²。彩釉玻璃以压花形态的居多，具体价格根据花形、色彩、品种不等，但整体较高，适合小范围使用，如装饰背景墙、立柱等，背后应衬托其他装饰材料才能完美体现玻璃的质地，如壁纸或木纹板材等。

材料选购

　　选购彩釉玻璃时，先看基玻再看颜色，基玻一定要好，主要是没有气泡，没有裂痕，彩釉颜色要均匀。

镭射玻璃 **13.7**

镭射玻璃是在玻璃或透明有机涤纶薄膜上涂敷一层感光层，利用激光在上面刻划出任意的几何光栅或全息光栅，镀上铝或银，再涂上保护漆而制成。

当镭射玻璃处于任何光源照射下时，都会产生色彩变化，而且对于同一受光点或受光面而言，随着入射光角度及观察视角的不同，所产生光线的色彩与图案也不同。镭射玻璃五光十色的变幻给人以神奇、华贵、迷人的感受。

镭射玻璃的技术性能十分优良。钢化镭射玻璃的抗冲击、耐磨、硬度等性能均优于大理石，与花岗岩相近。镭射玻璃的耐老化寿命是塑料的 10 倍以上，在正常使用情况下，寿命达 50 年。镭射玻璃的反射率在 10%～90% 的范围内可任意调整。镭射玻璃用途广泛，但在家居中更适合作为点缀用，镭射玻璃的规格与平板玻璃相当，5mm 厚的镭射玻璃价格为 200～300 元 /m²。

小贴士 　镭射玻璃大体上可分为两类，一类是以普通平板玻璃为基材制成，主要用于墙面、顶棚、门窗等部位的装饰；另一类是以钢化玻璃为基材制成，主要用于地面装饰。

材料选购

选购镭射玻璃时，可以参照平板玻璃和钢化玻璃的选择要点，但要注意的是使用镭射玻璃是为了它在光的作用下产生的效果，所以在买前试试光照下镭射玻璃的效果非常必要。

13.8 钢化玻璃

钢化玻璃是安全玻璃的代表，它是以普通平板玻璃为基材，加热到一定温度后再迅速冷却而得到的玻璃。钢化玻璃的生产工艺有两种，一种是将普通平板玻璃经淬火法或风冷淬火法加工处理而成，另一种是将普通平板玻璃通过离子交换方法，将玻璃表面成分改变，使玻璃表面形成压应力层，以增加抗压强度。

钢化玻璃的主要优点在于强度比普通玻璃提高数倍，抗弯强度是普通玻璃的 3 ～ 5 倍，抗冲击强度是普通玻璃 5 ～ 10 倍，提高强度的同时也提高了安全性。钢化玻璃具有很高的使用安全性能，其承载能力增大能改善易碎性质，即使钢化玻璃遭到破坏后也呈无锐角的小碎片，大幅度降低了对人的伤害。钢化玻璃的表面会存在凹凸不平现象，厚度会有轻微变薄。变薄的原因是因为玻璃在热熔软化后经过快速冷却，使其内部晶体间隙变小，所以玻璃在钢化后要比在钢化前要薄。一般情况下，4 ～ 6mm 厚的平板玻璃经过钢化处理后会变薄 0.2 ～ 0.5mm。

在家居装修中，钢化玻璃主要用于淋浴房、玻璃家具、无框玻璃门窗、装饰隔墙、吊顶等构造。钢化玻璃的规格与平板玻璃一致，厚度通常为 6 ～ 15mm，其中厚度为 6mm 的钢化玻璃价格为 60 ～ 70 元 /m²。钢化玻璃的价格一般要比同规格的普通平板玻璃高 20%～ 30%。

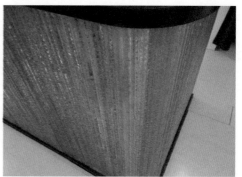

> **小贴士** 　钢化后的玻璃不能再进行切割和加工，只能在钢化前就对玻璃进行加工至需要的形状，再进行钢化处理。

材料选购

　　在选购钢化玻璃时要注意识别，钢化玻璃可以透过偏振光片在玻璃的边缘上看到彩色条纹，而在玻璃面层观察，可以看到黑白相间的斑点。偏振光片可以借用照相机镜头或眼镜，观察时注意调整光源方向，这样更容易观察到。此外，每块钢化玻璃上都应有 3C 质量安全认证标志。

13.9 夹层玻璃

夹层玻璃是在两片或多片平板玻璃或钢化玻璃之间，嵌夹以聚乙烯醇缩丁醛树脂胶片，再经过热压粘合而成的平面或弯曲的复合玻璃制品。

夹层玻璃的主要特性是安全性好，一般采用钢化玻璃加工，破碎时玻璃碎片不零落飞散，只产生辐射状裂纹，不至于伤人。抗冲击强度优于普通平板玻璃，防范性好，并有耐光、耐热、耐湿、隔声等性能。

在现代家居装修中，将夹层玻璃安装在门窗上，能起到良好的隔声效果。夹层玻璃能阻隔声波，维持安静、舒适的起居环境；能过滤紫外线，保护皮肤健康，避免贵重家具、陈列品等褪色。它还可减弱太阳光的透射，降低制冷能耗。夹层玻璃受大撞击破损后，其碎块与碎片仍与中间膜粘在一起，不会发生脱落造成伤害。

夹层玻璃的规格与平板玻璃一致，厚度通常为 4 ~ 15mm，其中厚度为 4mm + 4mm 的夹层玻璃价格为 80 ~ 90 元 /m²。如果换用钢化玻璃制作，其价格比同规格的普通平板玻璃要高出 40% ~ 50%。

材料选购

选购夹层玻璃时，要查看产品的外观质量，夹层玻璃不应有裂纹、脱胶；爆边的长度或宽度应不超过玻璃的厚度；划伤和磨伤应不影响使用；中间层的气泡、杂质或其他可观察到的不透明物等缺陷应不超过标准要求。

夹丝玻璃

13.10

夹丝玻璃又称为防碎玻璃，是将普通平板玻璃加热到红热软化状态时，再将经过预热处理过的铁丝或铁丝网压入玻璃中间而制成的特殊玻璃。夹丝玻璃所用的金属丝网与金属丝线分为普通钢丝与特殊钢丝两种，普通钢丝规格大于或等于 0.4mm，特殊钢丝规格大于或等于 0.3mm。

夹丝玻璃的防火性优越，玻璃遭受冲击或温度剧变时，其破而不缺，裂而不散，避免了棱角的小块碎片飞出伤人。如果发生火灾，夹丝玻璃受热炸裂后仍能保持固定状态，起到隔绝火势的作用，又称为防火玻璃。此外，夹丝玻璃还具有防盗性，普通玻璃很容易打碎，而夹丝玻璃则不然，即使玻璃破碎，仍有金属线网在起作用，夹丝玻璃的防盗性能给人在心理上带来安全感。

夹丝玻璃常用于天窗、天棚顶盖，如阳光房顶部、玻璃雨篷，以及易受振动的门窗上。夹丝玻璃厚度一般为 6 ~ 16mm（不含中间丝的厚度），产品尺寸一般介于 600mm×400mm 与 2000mm×1200mm 之间。其中 10mm 厚的夹丝玻璃价格为 120 ~ 150 元 /m²。

材料选购

选购夹丝玻璃时要注意，玻璃边部凸出、缺口和偏斜玻璃边部凸出、缺口的尺寸不得超高 6mm，偏斜的尺寸不得超过 4mm。

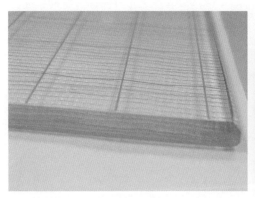

13.11 吸热玻璃

吸热玻璃是指保持较高的可见光透过率，且能吸收大量红外辐射的玻璃。吸热玻璃的生产工艺是在普通钠钙硅酸盐玻璃中加入有色氧化物，如氧化铁、氧化镍、氧化钴及氧化硒等；或在玻璃表面喷涂有色氧化物薄膜，使玻璃带色，并具有较高的吸热性能。

吸热玻璃按颜色可分为灰色、金色、蓝色等；按成分可分为硅酸盐吸热玻璃、磷酸盐吸热玻璃、光致变色玻璃等。吸热玻璃能使刺目的阳光变得柔和，起到反眩作用。特别是在炎热的夏天，能有效改善室内光照，使人感到舒适、凉爽。

吸热玻璃一般用于长期受阳光直射的门窗，尤其在我国南方日照强烈的地区特别适用。吸热玻璃的规格与钢化玻璃相当，6mm 厚的吸热玻璃价格为60 ~ 70 元 /m²。

小贴士　吸热玻璃还能吸收太阳光的紫外线，它能有效减轻紫外线对人体与室内物品的损害。但是却具有一定的透明度，能清晰地透过玻璃观察室外景物，玻璃色泽经久不变。

材料选购

在选购时应注意，阳光经玻璃投射到室内，光线会发生变化，应根据需要来选择玻璃的颜色。

热反射玻璃 **13.12**

　　热反射玻璃是指在平板玻璃表面涂覆金属或金属氧化物薄膜制成的玻璃，薄膜包括金、银、铜、铝、铬、镍、铁等金属及其氧化物，镀膜方法有热解法、真空溅射法、化学浸渍法、气相沉积法、电浮法等。热反射玻璃既具有较高的热反射能力，又保持了平板玻璃的透光性，具有良好的遮光、隔热性能。

　　热反射玻璃对太阳辐射能的反射能力较强，能有效阻止热辐射，有一定的隔热保温的效果。白天从室内透过热反射玻璃幕墙可以看到室外街景，但室外却看不见室内，可起到屏幕的遮挡作用。晚间由于室内光线的照明作用，室内看不见玻璃幕墙外的事物，给人以不受外界干扰的舒适感，但对不宜公开的场所应用窗帘、贴膜等加以遮蔽。其一般用于高档住宅的外墙门窗，价格较高，6mm 厚的热反射玻璃价格为 100 ~ 120 元 /m²。

小贴士　　安装施工中要防止损伤膜层，电焊火花不得落到薄膜表面。要防止玻璃变形，以免引起影像"畸变"。此外、还要注意消除玻璃反光可能造成的不良后果。

材料选购

选购热反射玻璃时，可以仔细观察其单向透视性，可拿起对着光源进行观看。

13.13 玻璃贴膜

玻璃贴膜是指粘贴在玻璃表面的聚酯基片（PET），它是一种耐久性强，坚固，耐潮，耐高、低温性均佳的塑料材料。

装贴于玻璃窗内侧的半透明或白昼单项透视膜既能让光线透入，令窗外景观清晰可辨，又能遮挡他人窥视，保护私密空间。玻璃贴膜还可以防止自然灾害与人为破坏，构成一道隐形防护网，减少人身伤害，保护财产。玻璃贴膜使用极其方便，可纵横、曲面、垂直装贴，广泛应用于各种住宅。玻璃贴膜价格低廉，一般为 3 ~ 5 元 /m²。

在玻璃贴膜安装后 7 天内，不能用水擦洗贴膜玻璃。在贴膜玻璃上不可用吸盘悬挂或粘贴任何物品。清洁时可以喷洒清洗液，用软性橡胶玻璃刮从上至下水平刮擦窗膜直至干燥，再用毛巾擦干玻璃膜边缘。

材料选购

选购玻璃贴膜时，要注意观察清晰度，无论膜的颜色深浅，选购时一定注意通过贴膜玻璃观察物品的外轮廓是否清晰，劣质膜会有雾蒙蒙的感觉甚至引起物品外轮廓变形，而优质膜不论颜色深浅、清晰度都是非常高的。检验防划伤性能，优质高档的膜表面都有一层防划伤层，在正常使用下能保护膜表面不易被划伤。检验方法很简单，可以用指甲在玻璃膜上来回刮几下，如果能轻易刮出划痕，那就一定不是优质玻璃膜。

中空玻璃 13.14

中空玻璃由两层或两层以上的平板玻璃原片构成，四周用高强度气密性复合胶粘剂将玻璃、边框、橡皮条粘接，中间充入干燥气体，还可以涂上各种颜色或不同性能的薄膜，框内充以干燥剂，以保证玻璃原片间空气的干燥度。玻璃原片可以采用普通平板玻璃、钢化玻璃、压花玻璃、夹丝玻璃、吸热玻璃、热反射玻璃等品种，其加工方法分为胶接法、焊接法、熔接法等多种。

中空玻璃的主要功能是隔热、隔声，所以又称为绝缘玻璃，且防结霜性能好，结霜温度要比普通玻璃低 20℃ 左右。传热系数低，普通玻璃的耗热量是中空玻璃的两倍。优质中空玻璃寿命可达 25 年之久。

近年来，随着人们对住宅节能重要性认识的提高，中空玻璃的应用在我国也受到了重视，因其具有显著的节能作用。中空玻璃一般用于住宅建筑外墙门窗上，价格较高，4mm + 5mm（中空）+ 4mm 厚的普通加工中空玻璃价格为 100 ~ 120 元/m²，同规格的铸造中空玻璃价格为 300 元/m² 以上。

材料选购

中空玻璃在装饰施工中需要预先订制生产，选购时要注意其光学性能、导热系数、隔声系数均应符合国家标准。注意区分中空玻璃与双层玻璃，可以在冬季观察玻璃之间是否有冰冻显现，在春夏观察是否有水汽存在，中空玻璃不存在任何冰冻或水汽。此外，嵌有铝条的均为双层玻璃，中空玻璃的外框一般均为塑钢而非铝合金。

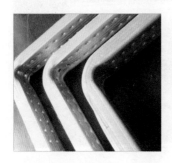

13.15 玻璃砖

玻璃砖是用透明或彩色玻璃制成的块状空心玻璃制品或块状表面施釉的玻璃制品。由于玻璃制品的特性，常用于需要采光及防水功能的区域，如门厅、厨房、卫生间、走道等空间的隔墙。玻璃砖的品种主要有空心玻璃砖、实心玻璃砖、玻璃饰面砖等三大类。

空心玻璃砖一直以来是玻璃砖的总称。空心玻璃砖的主要原料是高级玻璃砂、纯碱、石英粉等硅酸盐无机矿物，原料经过高温熔化，并经精加工而成。空心玻璃砖在生产中可以根据设计要求来订制尺寸、大小、花样、颜色。无放射性物质与刺激性气味元素，属于绿色材料。玻璃砖的边长规格一般为195mm，厚度为80mm，价格为15～25元/块。

实心玻璃砖的构造与空心玻璃砖相似，由两块中间为圆形的凹陷玻璃体粘接而成。由于是实心构造，这种砖比较重，一般只能粘贴在墙面上或依附其他加强的框架结构才能安装，一般只作为室内装饰墙体而使用，用量相对较小。实心玻璃砖的颜色比较多，但是大多没有内部花纹，只是表面有磨砂效果。玻璃砖的边长规格一般为150mm，厚度为60mm，价格为20～30元/块。

玻璃饰面砖又称为三明治玻璃砖，它是采用两块透明的抗压玻璃板，在其中间的夹层随意搭配其他材料，最终经热熔而成。玻璃饰面砖的边长规格一般为150～200mm，厚度为30～50mm，具体规格根据厂商设计开发来定，价格为50～80元/块。

玻璃砖在装修市场占有相当的比例，以往一般用于比较高档的公共场所，用于营造琳琅满目的空间氛围，现在也逐步进入家居空间。

材料选购

玻璃砖制品的价格较高，在选购中要注意识别质量。其中外观识别是重点，玻璃砖的表面品质应当精致、细腻，不能存在裂纹，玻璃坯体中不能有不透明的未熔物，两块玻璃体之间的熔接应当完全密封，不能出现任何缝隙。目测砖体表面，不能出现涟漪、气泡、条纹等瑕疵。玻璃砖表面内心面里凹陷应小于 1mm，外凸应小于 2mm，外观无翘曲及缺口、毛刺等缺陷，角度应平直。可以用卷尺测量砖体各边的长度，看是否符合产品包装上标称的尺寸，误差应小于 1mm。

14

地板

14.1 松木地板

松木是家居装修的主要材料。松树属于针叶林种，森林覆盖率高，具有先天的价格优势，而因加工方式不同，松木地板的分类也不同。松木地板的优点是环保美观。松木地板相对其他地板来说会更环保、时尚，尤其是目前很多经过油漆喷涂过的地板含甲醛量都是极高的。由于松木地板弹性和透气性强，即使是涂了油漆的松木地板，甲醛的含量也会大大低于其他的地板。

松木地板不耐晒，日照易变色。松木地板不防潮，受潮易变色。在南方梅雨季节里，最容易看出松木地板的缺点了。松木地板在潮湿的天气容易出现变色的状态，涂过油漆的松木地板也易变色。松木地板有异味，当松木的松油脱油不完全的时候会导致制成的松木地板有异味。

小贴士　由于松木本身的特性，含水量高、质地软，所以不如其他实木那般的牢固，比较容易出现开裂和变形。

材料选购

选购松木地板时，要注重质量，仔细鉴别地板材质。因为松木地板不防潮，要选择质量好的品牌。

蚁木地板 14.2

蚁木地板木材光泽度好，无特殊气味。纹理通常不规则，直至深交错，结构细至中，略均匀，有油性感。蚁木约有 30 种商品材，分为重蚁木、红蚁木和白蚁木 3 类商品材，有人增加 Prima 后分为 4 类，也有人分为重蚁木和蚁木 2 类。

蚁木地板稳定性颇良。木材重，耐磨；抗压强度高，顺纹抗压强度 77 ~ 81MPa，抗弯强度 141 ~ 158MPa，抗弯弹性模量 18.7 ~ 19.4GPa。耐腐蚀甚至能抗白蚁及蠹虫危害，但不抗海生钻木动物危害；防腐剂浸注困难，适合采用真空加压或浸渍法。旋切性能好。刨面平滑，用腻子或其他填充剂后，涂饰性良好。抛光和胶黏性好。由于木材在使用中受大气湿度的影响一次比一次减小，特别是胀缩率小的蚁木地板，在铺装时宜紧拼，否则板间会有观感不良的缝隙。

蚁木地板材质硬，耐磨、抗压抗弯强度高、材色悦目、纹理诱人。适合制作普通、拼花和承重地板及细木工制品、枕木。也很适合制作装饰单板。

小贴士　蚁木地板容易干燥。铺装速度慢时，则有开裂和变形。

材料选购

选择蚁木地板时，要选择光泽好、纹理清晰的，同时要闻一下板材是否有异味，尽量到正规品牌的厂家进行购买。

14.3 橡木地板

橡木，又称柞木、栎木，橡木地板是橡木经刨切加工后做成的实木地板或者实木多层地板。橡木纹理交错，结构中等，木材重而硬，强度及韧性高，稳定性佳。有美丽的天然纹理，制作成地板产品后装饰性强，可搭配各种风格的装修。橡木地板花色品种多；纹理丰富、美观，花纹自然；冬暖夏凉，脚感舒适；地板的稳定性相对较好。

小贴士　安装时加铺木芯板。为了追求脚感，很多木地板上都加上了一层木芯板，实际上这些木芯板的质量是存在着差异的，劣质的会影响橡木地板的铺装质量。

材料选购

选购橡木地板时要注意，购买和铺设最好是同一单位负责。优质的实木地板和实木复合地板产品厂家一般会拥有专业的铺装团队或者专业的铺装指南，来保证售出的产品铺装服务；不要过分地追求纹理一致。橡木地板是天然的木制品，树木由于种植的地点不同，阳光补充不同等因素，木材的颜色也大同。同一木材剖锯下来的板材，其位置不同颜色深浅程度也不同，有时候难免会存在着色差和不均衡现象，这都是非常正常的。

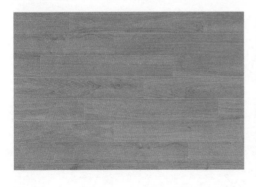

柚木地板 14.4

柚木被誉为"万木之王"，是世界公认最好的地板木材。柚木以缅甸柚木为上品。柚木是唯一可经历海水浸蚀和阳光曝晒却不会发生弯曲和开裂的木材。

柚木地板富含铁质和油质。能驱蛇、虫、鼠、蚁。稳定性好，经专业干燥处理后，尺寸稳定，是木材中干缩湿胀变形最小的一种。极耐磨，具有防潮、防腐、防虫蛀、防酸碱的鲜明特点。柚木地板高贵的色泽极富装饰效果。弹性好，脚感舒适。柚木地板特有的醇香，对人的神经系统起镇静作用。

材料选购

首先看纹理，真柚木地板有明显的墨线和油斑，假柚木地板或无墨线或墨线浅而散。然后亲手摸，真柚木地板摸上去滑滑的，手感十分细腻，仿佛被油浸泡过，假柚木地板则明显很粗糙。接着闻气味，真柚木地板散发一种特殊的香味，如果柚木量大甚至整个展厅全部是柚木的话，走进去就能闻到这种香味，此香味闻到很舒服，假柚木地板要么无香味、要么有难闻的气味。最后掂重量，真柚木地板纤密度为0.67~0.73/cm³，比花梨木轻，但比铁杉重，假柚木地板则普遍偏重。

14.5 防腐木地板

防腐木地板是指木材经过特殊防腐处理的木地板。一般是将防腐剂经真空加压压入木材，然后经 200℃ 左右高温处理，使其具有防腐烂、防白蚁、防真菌的功效，主要用于庭院施工，是家居阳台、庭院等户外木地板、木栈道及其他木质构造的首选材料。

防腐木的主要原材料是樟子松，樟子松树质细、纹理直，经过防腐处理后，能够有效地防止霉菌、白蚁、微生物的侵蚀，抑制木材含水率的变化，减少木材的开裂程度。

防腐木的颜色一般呈黄绿色、蜂蜜色或褐色，易于上涂料及着色，根据设计要求，可以达到美轮美奂的效果。因此，防腐木能够满足各种设计的要求，用于各种的庭院构造制作。防腐木的亲水效果尤为显著，能在各种户外气候的环境中使用 15 ～ 50 年。

小贴士 防腐木地板带给人的脚感最舒适，而它最大的敌人是沙粒。冬天风沙大，在使用时最好避免将沙粒带入室内，以免损伤软木地板的表面。

材料选购

选购防腐木产品时不能只看颜色和外表，应着重看其载药量和渗透深度。也要选择有品牌、比较正规的产品，这样才能在质量和环保上有保证。目前，质量过硬的防腐木还是应该到大型建材市场去购买。

竹地板 14.6

竹地板是竹子经处理后制成的地板，与木材相比，竹材作为地板原料有许多特点。竹地板具有良好的质地和质感，竹材的组织结构细密，材质坚硬，具有较好的弹性，脚感舒适，装饰自然而大方。

竹地板按加工处理方式可以分为本色竹地板与炭化竹地板。本色竹地板保持竹材原有的色泽，而炭化竹地板的竹条要经过高温高压的炭化处理，使竹片的颜色加深。竹地板强度高，硬度强，脚感不如实木地板舒适，外观也没有实木地板丰富多样。它的外观是自然竹子纹理，色泽美观，这一点又要优于复合木地板。因此，价格也介于实木地板与强化复合木地板之间，规格与实木地板相当，中档产品的价格一般为 150 ~ 300 元 /m²。

小贴士 未经严格特效防虫、防霉剂浸泡和高温蒸煮或炭化的竹地板，绝对不能选购。

材料选购

选购竹地板时，首先，应该选择优异的材质，正宗的楠竹较其他竹类纤维坚硬、密实，抗压、抗弯强度高，耐磨，不易吸潮，密度高，韧性好，伸缩性小。然后，识别地板的含水率，各地由于湿度不同，选购竹地板含水率标准也不一样，必须注意含水率对当地的适应性。最后，查看产品资料是否齐全。

14.7 塑料地板

　　塑料地板，即采用塑料材料铺设的地板，以高分子化合物所制成的地板覆盖材料称为塑料地板。其基本原料主要为聚氯乙烯（PVC），具有较好的耐燃性与自熄性，加上它可以通过改变增塑剂和填充剂的加入量以变化性能，所以，目前 PVC 塑料地板使用面最广。

　　塑料地板的装饰效果好，其品种、花样、图案、色彩、质地、形状的多样化，能够满足不同人群的爱好和各种用途的需要，如其模仿的天然材料，十分逼真。塑料地板与地毯、木质地板、石材、陶瓷地面材料相比，其价格相对便宜。常见的软质卷材地板成卷销售,也可以根据实际的使用面积按直米裁切销售，一般产品宽度为 1.8 ~ 3.6m，10m/ 卷，裁切后铺装到家居地面，平均价格为 15 ~ 20 元 /m²。

小贴士
塑料地板按其色彩可以分为单色与复色两种。

材料选购

　　优质产品的表面应该平整、光滑，无压痕、折印、脱胶，周边方正，切口整齐，关注颜色、花纹、色泽、平整度和伤裂等状态。

实木复合地板 **14.8**

实木复合地板是利用珍贵木材或木材中的优质部分及其他装饰性强的材料作表层，材质较差或成本低廉的竹、木材料作中层或底层，构成经高温、高压制成的多层结构的地板。实木复合地板不仅充分利用了优质材料，提高了制品的装饰性，而且所采用的加工工艺也不同程度地提高了产品的力学性能。

现代实木复合地板主要以三层为主，采用三层不同的木材黏合制成，表层使用硬质木材，如榉木、桦木、柞木、樱桃木、水曲柳等，中间层与底层使用软质木材或纤维板，如用松木为中层板芯，提高了地板的弹性，又相对降低了造价。实木复合地板价格要比实木地板低，中档产品的价格一般为 200 ~ 400 元 /m²。

材料选购

选购实木复合地板时，首先，要注意观察表层厚度，实木复合地板的表层厚度决定其使用寿命，表层板材越厚，耐磨损的时间就越长。然后，检查产品的规格尺寸公差是否与说明书或产品介绍一致，可以用尺子实测或与不同品种相比较，拼合后观察其榫槽结合是否严密，结合的松紧程度如何，拼接表面是否平整。最后，试验其胶合性能及防水、防潮性能，可以取不同品牌小块样品浸渍到水中，试验其吸水性和黏合度如何，浸渍剥离速度越低越好，胶合黏度越强越好。

14.9 强化复合地板

　　强化复合木地板是 20 世纪 90 年代后期才进入到我国市场的，它由多层不同材料复合而成，其主要复合层从上至下依次为：强化耐磨层、着色印刷层、高密度板层、防震缓冲层、防潮树脂层。其中，强化耐磨层用于防止地板基层磨损；着色印刷层为饰面贴纸，纹理色彩丰富，设计感较强；高密度板层是由木纤维及胶浆经高温高压压制而成的；防震缓冲层及防潮树脂层垫置在高密度板层下方，用于防潮、防磨损，起到保护基层板的作用。

　　强化复合木地板的规格长度为 900 ~ 1500mm，宽度为 180 ~ 350mm，厚度为 8 ~ 18mm，其中，厚度越厚，价格越高。目前市场上售卖的复合木地板以 12mm 居多，价格为 80 ~ 120 元 /m²。高档优质强化复合木地板还增加了约 2mm 厚的天然软木，具有实木脚感，噪声小、弹性好。购买地板时，商家一般会附送配套的踢脚线、分界边条、防潮毡等配件，并负责运输、安装。在家居室内空间，强化复合木地板成为年轻业主的首选。

小贴士　　复合木地板的厚度越厚，使用寿命也就相对延长，但同时要考虑装修的实际成本。同时，复合木地板的重量主要取决于其基材的密度，基材决定着地板的稳定性、抗冲击性等各项指标，因此基材越好，密度越高，地板也就越重。

材料选购

　　选购强化复合木地板时，首先，要注意检测耐磨转数。一般而言，耐磨转数越高，地板使用的时间就越长，地板的耐磨转数达到 1 万转为优等品，不足 1 万转的产品，在使用 1～3 年后就可能出现不同程度的磨损现象。可以用 0 号粗砂纸在地板表面反复打磨约 50 次，如果没有褪色或磨花，就说明质量还不错。然后，观察表面质量是否光洁，强化复合木地板的表面一般有沟槽型、麻面型、光滑型等三种，本身无优劣之分，但都要求表面光洁、无毛刺，但是背面要求有防潮层。观察企口的拼装效果，可以拿两块地板的样板拼装一下，看拼装后企口是否整齐、严密。接着，注意地板厚度与重量，选择时应该以厚度厚些的为宜。最后，了解产品的配套材料，如各种收口线条、踢脚线等配套材料的质量、价格如何。查看正规证书和检验报告，选择地板时一定要弄清商家有无相关证书和质量检验报告。可以从包装中取出一块地板，用鼻子仔细闻一下，如果没有刺激性气味就说明质量合格。

14.10 地板装饰线条

装饰线条在室内装饰装修工程中是必不可少的配件材料，主要用于划分装饰界面、层次界面、收口封边。装饰线条可以强化结构造型，增强装饰效果，突出装饰特色，部分装饰线条还可起到连接、固定的作用。从材料上分为实木线条与人造复合板线条，从形态上又分为平板线条、圆角线条、槽板线条等。

实木线条是使用车床将中高档原木挤压、裁切、雕琢而成，主要用于木质工程中门窗套、家具边角、家具台面等构造上。实木线条规格一般以宽度来区分应用部位，一般为 10 ~ 80mm，厚度应等大于或等于 3mm，宽度大于或等于 60mm，一般可以定制加工成各种花纹或条纹，厚度也相应可以增加，长度为 1800 ~ 3600mm 不等。在选购实木装饰线条时，应该注意含水率需控制在 11% ~ 12%。

小贴士　实木线条在施工中一般使用钉接与胶水粘接相结合，后期注意使用同色灰膏修补钉头。

材料选购

复合板线条以中密度纤维板为基材，表面通过贴塑、喷涂等工艺形成丰富的装饰色彩，一般配合复合板家具及装饰构造的收边封口，此外还用于复合木地板的踢脚线、分界线。复合板线条表面光洁，手感光滑，质感好。注意色差，每根线条的色彩应均匀，没有霉点、虫眼及污迹。选购时注意装饰表层是否粘接牢固，对于复合木地板配送的踢脚线条要留意是否有色差。

防潮地垫

14.11

地垫是地板与地面之间的隔层，它在地板铺设中主要起防潮和平衡的作用。市场上所销售的地垫产品一般都能达到用户的基本使用要求。地垫只是起到防潮、减震、静音的作用，最终还是看地板质量的好坏和铺装师傅的手艺。目前地垫种类繁多，大致有普通地垫、铝膜地垫、塑料地垫、特种塑胶地垫、防潮纸地垫等类别。

小贴士　从防潮性上看，再好的木地板也比不过最普通的塑料膜。

材料选购

塑料膜地垫主要是看其韧性，好的地垫韧性也很好；而铝膜地垫则要注意其表面的铝膜和塑料膜粘接是否紧密，好的铝膜地垫的那层铝膜是不容易脱落的。另外，在选购时应注意，地垫并非越厚越好，一般 2mm 左右就可以了。太厚的话，地板回旋余地比较大，时间长容易起拱。

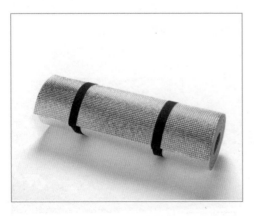

14.12 踢脚线

踢脚线，顾名思义就是脚踢得着的墙面区域，所以易受冲击。在居室设计中，阳角线、腰线、踢脚线起着平衡视觉的作用，利用它们的线性感觉及材质、色彩等在室内相互呼应，可以达到较好的美化、装饰效果。

踢脚线一般分为木踢脚线、PVC 踢脚线、不锈钢踢脚线、瓷砖或石材踢脚线、PS 高分子踢脚线、木塑踢脚线、人造石踢脚线、玻璃踢脚线。踢脚线可以更好地使墙体和地面之间牢固结合，减少墙体变形，避免外力碰撞造成破坏。踢脚线也比较容易擦洗，如果拖地溅上脏水，擦洗非常方便。踢脚线是地面的轮廓线，视线经常会很自然地落在上面，通常装修中踢脚线出墙厚度为 50~120mm。一般来说，对于浅色的地砖，不建议选择浅色的踢脚线，建议选择中性的咖啡色的踢脚线。

小贴士 踢脚线除了它本身的保护墙面的功能之外，在家居美观上也占有相当比例。

材料选购

选购踢脚线时要注意，从我们的视觉效果来说，一般高度 8~12cm 看起来最舒服最合适；要是低于 8cm，尺寸太小和房间比例不当，效果不好；如果高于 12cm，就会太明显，给人头重脚轻的感觉。

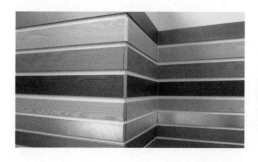

地板钉 **14.13**

地板钉又被称为麻花钉，是在常规圆钉的基础上，将钉子的杆身加工成较圆滑的螺旋状，使钉子钉入时具有较强的摩擦力。地板钉专用于各种实木地板、竹地板安装，对于需要架设木龙骨安装的复合木地板也可以采用。常规地板钉多为镀锌铁钉、镀铜铁钉，高档产品有不锈钢钉。

地板钉的规格为 2.1 ~ 4.1mm，长度为 38 ~ 100mm 不等，其中长度38mm 与 50mm 的地板钉最常用，适用于不同规格的地板、木龙骨或安装构造。地板钉的价格与普通圆钉相当，不锈钢产品的价格要贵 1 倍。

小贴士　麻花钉是安装地板木龙骨和地板的主要紧固件。同时还被广泛用于户外木结构、木质家具的安装、固定。

材料选购

地板钉鉴别质量的最好方法就是将其钉入地板中，优质产品钉入地板中比较轻松，而劣质产品钉入地板中会感到阻力较大，甚至发生弯曲。

15

成品门窗

15.1 衣柜推拉门

移门衣柜，又叫滑动门衣柜或者推拉门衣柜。随着人们消费意识的逐渐改变，对家具搭配的认识也在日趋变化，人们开始追求更多的便利和实惠，因此，家装定做移门衣柜的消费者明显增多。因其使用滑动门，量身定做，并且定做过程简便，所以在使用方便、结构稳定、提高空间利用率、性价比等方面，移门衣柜都占有绝对优势。

衣柜柜门的设计，可选择折叠门，平开门，推拉门，也可自由组合：折叠门 + 平开门 / 平开门 + 推拉门。折叠门和平开门开启空间大，一目了然，相对于移门来说，折叠门和平开门的封闭性要好。不过，折叠门和平开门开启时会占用部分空间。折叠门的材质可选择实木和密度板，折叠门的高度最好不要超过 2.1m，特别是实木，宽度以 35 ~ 50cm 为宜，比例要协调。超过 2.1m 的衣柜，上部分设计成平开门。百叶折叠门可设计成开放式和封闭式两种，主要看个人喜好；衣柜平开门的设计，衣柜的上部分一般放置棉絮、棉被等不经常用的物品，超过 2.4m 的衣柜建议分成两部分，如果平开门也设计到顶，打开衣柜时，会一览无余，少了些神秘感。现在市场上的衣柜移门，材料有木板、玻璃、镜子及其他，玻璃移门的高度不要超过 2.5m，卧室不宜选择镜面移门。板材移门简单大方、安全性好，也有百叶系列，板材移门建议选择 12mm 厚的，永久不会变形。

推拉门用的木板，最好选择 10mm 厚的板材，使用起来结实、稳定、耐久；稳定性稍差的会选用 8mm 甚至 6mm 厚的板材，显得比较单薄、易变形。品牌衣柜的滑轮一般选用碳素玻璃纤维制成，内带滚珠，附有不干性润滑酯，故能轻松推拉，顺畅灵活，耐磨不变形。

小贴士　　现在市场上衣柜柜门的材质不一，总体来说，还是要选择有保障的品牌。

材料选购

　　选购时要注意选择绿色环保材料。如果衣柜的柜门或柜体材料甲醛含量过高，将对使用者的身体健康造成不良影响。根据国家相关部门抽检发现，欧洲进口的或国内大型人造板材生产厂家的产品大多能达到 E1 标准，而国内一些杂牌产品，甲醛含量往往超标。在我国北方，因为寒冷气候较长，门窗开启相对较少，在封闭的室内空间，甲醛对人体健康影响更大。

15.2 实木门

　　实木门是指制作木门的材料是取自森林的天然原木或者实木集成材。所选用的多是名贵木材，如胡桃木、柚木、红橡、水曲柳、沙比利等，经加工后的成品门具有不变形、耐腐蚀、无裂纹及隔热保温等特点。实木门是经过烘干、下料、刨光、开榫、打眼、高速铣形、组装、打磨、上油漆等工序科学加工而成的。

　　实木门取原木为主材做门芯，经过烘干处理，然后再经过下料、抛光、开榫、打眼等工序加工而成。用实木加工制作的装饰门，有全木、半玻、全玻三种款式，从木材加工工艺上看有指接木与原木的两种，指接木是原木经锯切、指接后的木材，性能比原木要稳定得多，能切实保证门不变形。实木门给人以稳重、高雅的感觉。实木门厚重、结实、环保性能好，方便各种造型，生产时要求原木致密度高，否则容易变形，受原材料限制价格较贵。为了降低成本，还可以将原木加工成指接板门芯，用 5 ~ 8mm 厚的实木面板做饰面，经过冷压工艺制作。价格比全实木门稍低，产品质量主要取决于门芯材料的质量。中档实木门的价格为 3000 ~ 4000 元 / 套。

　　实木门门扇内的填充物饱满，门边刨修的木条与内框连接牢固，内框横、竖龙骨排列符合设计要求，安装合页处应有横向龙骨，装饰面板与框粘接牢固，无翘边、裂缝，板面平整、洁净，无节疤、虫眼、裂纹及腐斑，木纹清晰，纹理美观。板面厚度不得低于 3mm。

小贴士　粉刷墙壁时，要对木门进行遮盖，避免粉刷涂料使木门饰面材料剥离、褪色，影响整体美观。

材料选购

选购木门最重要的七点：第一，风格。第二，门板与门套。第三，门芯板。第四，五金件。第五，内门专用密封条。第六，使用胶。第七，售后服务。

15.3 复合门

复合门，顾名思义，是由两种或两种以上主要材料做成的门。实木复合门的门芯多以松木、杉木或进口填充材料等粘合而成，外贴密度板和实木木皮，经高温热压后制成，并用实木线条封边。一般高级的实木复合门，其门芯多为优质白松，表面则为实木单板。由于白松密度小、重量轻，且较容易控制含水率，因而成品门的重量都较轻，也不易变形、开裂。

复合门的内部门芯是实木指接板，外部为 3mm 厚实木板。这类产品是目前家居装修的主流产品，质量稳定，价格较低。也有一些低价产品中间板芯为实木指接板，表面铺装 3mm 厚的高密度板纤维板，表面再铺贴 0.2 ~ 0.6mm 厚的木皮，或涂装油漆。中档复合门的价格为 1000 ~ 3000 元 / 套。

小贴士　实木复合门具有保温、耐冲击等特性，隔声效果同实木门基本相同。

材料选购

选购复合门时，可以对门进行敲击，掂量判断门的质量。木门内的填充物一般分为实心和部分实心，实心填充物重，价格也就贵；而部分实心相对轻，价格相对便宜。但是，市场上也有将一些下脚料充当填充物，以增加重量，消费者购买的时候一定要小心，谨防上当受骗。

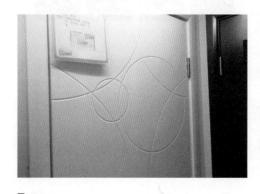

模压门 **15.4**

模压门由高密度纤维板冷压而成，外观造型漂亮，不易变形。模压门中间无板芯，只有木质龙骨作为框架，表面由两张纤维板冷压而成，外面贴 PVC 板，无须涂饰油漆。模压门价格低廉，造型品种繁多，价格为 600 ~ 1500 元 / 套。

小贴士　　房门的色彩一般应接近家具颜色，只在细节上有所区别即可，如房门的纹理与木地板纹理应有所区别。至于具体色彩要根据实际情况来选择。

材料选购

选购成品房门要注意品质。首先，要关注房门的款式与色彩，应该与家居风格谐调搭配。然后，观察房门质量，用手抚摩房门的边框、面板、拐角处，要求无刮擦感，且柔和细腻，站在门的侧面迎光观察门板的表面是否有凹凸波浪。接着，注意配件质量，锁具、合页等配件质量直接影响门的舒适度，内门应有专用密封条，安装时门框与墙体之间应严格密封。最后，注意厂家的售后服务，如生产资质证书、产品保修期、施工员安装水平等。

15.5 防盗门

防盗门的全称为防盗安全门，它具备防盗和安全的性能。合格的防盗门门框的钢板厚度应在 2mm 以上，门体厚度一般在 20mm 以上，门体夹层中布有数根加强筋，并灌装有发泡剂、石棉、蜂窝纸板等填充物，使门体前后面板有机地连接在一起，增强门体的整体强度。门体上使用的锁具是防盗锁具。

小贴士　　优质防盗门应配备优质防盗锁具，这些防盗锁具应符合防盗机械锁具国家标准。

材料选购

选购防盗门要注意以下几点。首先，看整体外观，产品外观应无明显瑕疵，板面无明显起伏不平现象，无碰伤、划伤、脱漆、脱焊现象，产品配件齐备。然后，查配套服务，购买防盗门时应得到一张保险单，应填写完整后裁下回执。于一周内将保险单寄往保险公司作为核定保险的依据，请务必索要保险单，并仔细阅读、妥善保存。最后，对比产品质量，优质防盗门应符合国家防盗安全门通用技术标准，并在产品外部注明产品执行标准。

卷闸门

15.6

　　卷闸门又称为"卷帘门"，是以很多关节活动的门片串联在一起，在固定的滑道内，以门上方卷轴为中心转动上下的门。

　　卷闸门适用于商业门面、车库、商场、医院、厂矿企业等公共场所或住宅，尤其是门洞较大，不便安装地面门体的地方，起到方便、快捷开启作用。如用于车库门、商场防火卷闸门、飞机库门等。卷闸门常见的控制方式有以下两种：无线遥控，如常见的 433MHz 无线遥控手柄控制；外部系统控制，随着信息化发展，这种方式也越来越多地被采用，如电动门自动放行系统通过嵌入式控制系统或者电脑控制，电脑自动识别车辆号牌、自动开门。

小贴士 以前开卷闸门必弯腰开锁，经过改进，现在可以站着打开了。

材料选购

　　选购卷闸门时要注意，大多数卷闸门由于宽度比较大，都是采用弹子横杆锁。这种锁具简单方便，价格也便宜；但安全性一般，容易被破坏。由于一般门动响比较大，也是可以选择这类锁具的。传统卷闸门最大的缺点就是噪声大，开关门的刺响，风吹的动响，哗哗响个不停，扰人清梦。所以如果是有人居住的居室。应该选择有消声工艺的门。

15.7 塑钢型材门窗

塑钢门窗是采用硬质聚氯乙烯树脂（UPVC）为主要原料，加上一定比例的稳定剂、着色剂、填充剂、紫外线吸收剂等，经挤出成型材，然后通过切割、焊接或螺接的方式制成门窗框扇，装配上密封胶条、毛条、五金件等配件而制成的门窗；同时为增强型材的刚性，超过一定长度的型材空腔内需要添加钢衬（加强筋），因此而称为塑钢门窗。

塑钢门窗为多腔式结构，具有良好的隔热性能，其传热性能甚小，具有良好的保温效果。塑钢门窗具有良好的耐腐蚀性能，原料中添加紫外线吸收剂、耐低温冲击剂，从而提高了塑钢门窗耐候性。长期使用于不同温度、气候的环境中，如烈日、暴雨、干燥、潮湿环境中，无变色、变质、老化、脆化等现象。塑钢门窗质细密平滑，质量内外一致，无须进行表面特殊处理、易加工、经切割、熔接加工后，门窗成品的长、宽及对角线均小于2mm。塑钢门窗与优质胶条、塑料封口件搭配使用，能使密封性能效果显著。但是，塑钢门窗的钢性不好，必须在内部附加钢材来增加硬度。此外，防火性能略差，燃烧时会有毒烟排放。塑钢门窗一般用于住宅外墙门窗制作，或用于卫生间、厨房、阳光房、阳台等空间的分隔、围合。以采用5mm厚的普通玻璃为例，塑钢门窗价格为150~200元/m²。

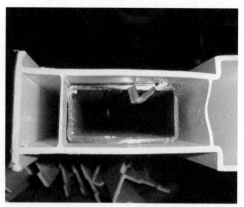

材料选购

选购塑钢门窗时应主要关注两方面：其一是观察塑钢骨架表面，塑钢骨架表面应光滑平整，无开焊、断裂，外观应具有完整的剖面。优质塑钢是青白色的，雪白的型材防晒能力差，老化速度也快。其二是观察玻璃与五金件，塑钢配套玻璃应平整、无水纹，安装好的玻璃不直接接触型材，五金件应配套齐全，位置正确，安装牢固，使用灵活。

15.8 铝合金型材门窗

铝合金门窗是指采用铝合金挤压型材为框、梃、扇料制作的门窗，简称铝门窗。铝合金门窗的设计、安装形式与塑钢门窗一致，只是材质改为铝合金，无须钢衬（加强筋）存在，结构更加简单。

铝合金门窗一般采用壁厚 1.4mm 的高精度铝合金型材制作。门窗扇开启幅度大，室内采光更充足，可以采用无地轨道设计，让出入通行毫无障碍，吊轮采用高强度优质滑轮，滑动自如、静音顺滑。铝合金门窗的耐久性更好，使用、维修方便，不锈蚀、不褪色、不脱落，零配件使用寿命长，装饰效果优雅。铝合金型材表面有人工氧化膜并着色形成复合膜层，耐蚀、耐磨，且有一定的防火力，光泽度极高。

铝合金门窗一般用于住宅外墙门窗制作，或用于卫生间、厨房、阳光房、阳台等空间的分隔、围合。以采用 5mm 厚的普通玻璃为例，铝合金门窗价格为 250 ~ 400 元 /m²。

小贴士 铝合金门窗由于自重轻，加工、装配精密，因而开闭轻便、灵活，无噪声。

材料选购

选购铝合金门窗要关注质量。首先，测量厚度。优质铝合金门窗所用的铝型材，厚度、强度、氧化膜等应符合有关的国家标准规定，铝合金窗主要受力杆件壁厚应大于或等于 1.4mm，铝合金门主要受力杆件壁厚应大于或等于 2mm。然后，观察表面。同一根铝合金型材色泽应一致，如色差明显，即不宜选购。铝合金型材表面应无凹陷、鼓出、气泡、灰渣、裂纹、毛刺、起皮等明显缺陷。接着，检查氧化膜厚度。选购时可在型材表面用 360 号砂纸打磨，看其表面氧化膜是否会轻易褪色。最后，关注加工工艺。优质的铝合金门窗，加工精细，安装讲究，密封性能好，开关自如。劣质的铝合金门窗，随意选用铝材规格，加工粗制滥造，以锯切割代替铣加工，不按要求进行安装，密封性能差，开关不自如，不仅漏风漏雨，还会出现玻璃炸裂现象，而且遇到强风或外力，容易造成玻璃刮落或碰落。

16

金属材料

16.1 钢筋

钢筋是指配置在钢筋混凝土及构件中的钢条或钢丝的总称。钢筋的横截面一般为圆形或带有圆角的方形。钢筋广泛用于各种装修、建筑结构，尤其在混凝土构造中起到核心承载的作用。钢筋的分类很多，包括光面钢筋、带肋钢筋、冷轧扭钢筋等。

在现代家居装修中，钢筋主要用作浇筑架空楼板、梁柱的骨架材料，预先根据设计要求与承载负荷，选用相应规格的钢筋编制成钢筋网架，最终以浇筑混凝土来完成。多数钢筋的规格为 6 ~ 12mm，部分粗钢筋直径在 22mm 以上，长度多为 6m 与 12m 两种。钢筋的价格根据国际市场行情不断变化，优质产品的价格一般每吨为 0.7 万 ~ 1 万元。

小贴士　　钢筋在混凝土中主要承受拉应力，钢筋外表具有凸出的构造肋，它与混凝土之间形成的摩擦力能增加钢筋混凝土的强度，使结构可以更好地承受外力。

材料选购

鉴别钢筋质量的方法有很多，如鉴别钢材的常规项目——弯曲性能与反向弯曲性能。弯曲性能是指钢筋弯曲 180° 后，钢筋受弯曲部位表面不能产生裂纹。反向弯曲性能，是指钢筋先正向弯曲 45° 后，再反向弯曲 45°，接着后反向弯曲 45°。经过 1 正 2 反弯曲试验后，钢筋受弯曲部位表面不能产生裂纹。此外，关注尺寸、外形、重量及允许偏差，钢筋通常按长度定价，长度允许偏差应小于或等于 50mm。

钢板 16.2

钢板又被称为薄钢，呈平板状、外观为矩形的钢质型材，可以直接轧制或由宽钢带剪切而成。钢板按厚度可分为薄钢板（小于4mm，最薄0.2mm），厚钢板（4～60mm），特厚钢板（60～115mm）。

钢板按轧制方式分为热轧与冷轧两种，薄钢板的宽度为500～1500mm，厚钢板的宽度为600～3000mm。钢板的规格也可以根据厚度进行标识，如厚20mm的钢板即为20号。钢板按照品种分，有普通钢、优质钢、合金钢、不锈钢、耐热钢、硅钢等，按照表面涂镀层分，有镀锌薄板、镀锡薄板、镀铅薄板、塑料复合钢板等。按生产工艺可以分为沸腾钢板与镇静钢板两种。

在家居装修中应用较多的是热轧钢板，一般配合工字钢、槽钢作为辅助焊接构造，可以起到围合、封闭、承托的作用，但是在高层建筑中不宜大面积使用，以避免给建筑增加负担。热轧钢板规格较多，一般厚度为2～240mm，宽度1250～2500mm，长度为3～12m。

小贴士 钢板还有材质一说，并不是所有的钢板都是一样的，材质不一样，钢板的用途也不一样。

材料选购

选购钢板时要注意，钢板种类甚多，应根据骨折部位、形态及骨的直径选用固定效果好的品种。

16.3 型钢

型钢又称为重钢，在家装中主要用于连接、承载大型构件或楼板，或者用于水泥混凝土中，形成钢筋混凝土，用来制作钢筋混凝土楼梯、楼板、墙柱等。型钢主要分为热轧型钢和冷弯薄壁型钢两种。

热轧型钢品种很多，主要有等边角钢、槽钢、工字钢、钢管、扁钢等。热轧型钢是经过精心设计和计算的，截面形式合理，材料在截面上分布对受力最为有利，且构件间的连接非常方便。型钢骨架易于裁剪及焊接，可以随工程要求任意加工、设计及组合，并可制造特殊规格，配合特殊工程的实际需要。常用的工字钢和槽钢一般作为钢骨架的主梁，受垂直方向力的作用。工字钢的受力特点是承受垂直方向力和纵向压力的能力较强，承受扭转力矩的能力较差，主要用于制作室内外楼板架空层，一般可以采用焊接工艺，对于强度要求特别大的构造还可以增加铆钉来辅助。工字钢的主要规格为宽度 120 ~ 250mm 不等。

冷弯薄壁型钢是一种高效经济型材，是采用厚度为 2 ~ 6mm 的钢板经冷弯或模压而制成，在家居装修工程中常见的有角钢、槽钢等开口薄壁型钢，也有方形、矩形等空心薄壁型钢。角钢的受力特点是承受纵向压力、拉力的能力较强，承受垂直方向力和扭转力矩的能力较差。角钢有等边角钢和不等边角钢两个系列，常用的等边角钢宽度为 40 ~ 60mm 不等。

型钢的规格很多，尤其是截面厚度要根据承载力荷进行精确计算选用，长度为 6m，具体价格受国际钢材行情波动，但是整体价格较高，因此需作精确计算后再采购，优质产品价格一般为 0.7 万 ~ 1 万元 /t。

小贴士 型钢便于机械加工、结构连接与安装，还易于拆除、回收。与混凝土相比，型钢加工所产生的噪声小，粉尘少，自重轻，基础施工取土量少，对土地资源破坏小。

材料选购

在家装中，选用型钢应依据其力学性能、化学性能、可焊性能、结构尺寸等合理选择。

16.4 不锈钢板

　　不锈钢板表面光洁，具有较高的塑性、韧性与机械强度，耐酸、碱性气体、溶液等其他介质的腐蚀。不锈钢板不容易生锈，但并不是绝对不生锈。板材表面效果多样，有普通板、磨砂板、拉丝板、镜面板、冲压板、彩色板等多种效果。

　　在家居装修中，不锈钢板主要用于潮湿、易磨损或对保洁度要求较高的部位，如厨房橱柜台面、门窗套、踢脚线、门板底部、背景墙局部装饰等，一般需在基层安装 15mm 厚的木星板，再将不锈钢板根据需要裁切成型，再用强力胶粘贴上去。如果用于户外，也可以采取挂贴的方式施工。厚度为 8mm 的不锈钢板，可以裁切成板条，用于户外庭院的栏板制作。常用的不锈钢板规格为 2400mm×1200mm，厚度为 0.6 ~ 1.5mm，其中 1mm 厚的产品使用最多，价格根据产品型号而不同，201 型不锈钢板为 300 元 / 张，304 型不锈钢板为 500 元 / 张。

材料选购

　　选择不锈钢板要考虑使用时的加工条件，如果在装修中是机械操作，机械的性能与类型对压制材的质量有要求，如硬度、光泽等。还要考虑经济核算，选择板材厚度时，应考虑其使用时间、质量、刚度等。如果不锈钢板的厚度不够，容易弯曲，会影响装饰板生产。如果厚度过大，钢板过重，不仅增加钢板的成本，而且也会给操作上带来不必要的困难。同时，还要考虑不锈钢板加工时应该预留的余量。

铁钉 16.5

铁钉又被称为圆钉、木工钉，是最传统的钉子。它以铁为主要原料，一端呈扁平状，另一端呈尖锐状的细棍形物件。圆钉生产一般以热轧低碳盘条冷拔成的钢丝为原料，经制钉机加工而成，主要起到固定或连接木质装饰构造的作用，也可以用来悬挂物品。

我国传统的规格单位为寸，如 2 寸的圆钉即钉长 50mm，2 寸半的圆钉即钉长 60mm，4 寸的圆钉即钉长 100mm。市场上销售的圆钉有散装与包装两种形式，散装圆钉容易生锈，不便于保存，但是价格较低，适用于即买即用。包装产品一般以盒为单位销售，无论圆钉大小，都以盒为单位，每盒圆钉净重约 0.45kg，价格为 3 ～ 5 元 / 盒。

小贴士 为了防止传统铁质圆钉生锈，现在也可以选用不锈钢圆钉，价格则贵 1 倍。

材料选购

选购圆钉时要注意产品质量。首先，观察包装的防锈措施是否到位，优质产品的包装纸盒内侧应该覆有一层塑料薄膜，或在内部采用塑料袋套装。然后，打开包装，圆钉表面应该略有油脂用于防锈，圆钉的色泽应该光亮晶莹，捏在手中不能有红色或褐色油迹。接着，观察多枚圆钉的钉尖形态是否一致，用手指触摸是否具有较强的扎刺感。最后，可以用铁锤敲击，检查圆钉是否容易变形或弯曲。

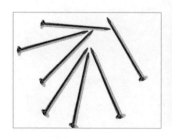

16.6 钢钉

钢钉又被称为水泥钉，是采用碳素钢生产的钉子。水泥钉的质地比较硬，粗而短，穿凿能力很强，当遇到普通圆钉难以钉入的界面时，选用水泥钉可以轻松钉入。水泥钉的形态、规格与圆钉类似，但是品种要少些，钉杆有滑竿、直纹、斜纹、螺旋、竹节等多种，一般常见的是直纹型或滑竿型。此外，水泥钉还被套上塑料卡件，用于固定各种线管。

水泥钉一般用于砖砌隔墙、硬质木料、石膏板等界面的安装，但是对于混凝土的穿透力不太大。常规水泥钉的规格为 1.8 ~ 4.6mm，长度为 20 ~ 125mm 不等，价格要比圆钉高 1.5 ~ 2 倍。水泥钉的选购方法与圆钉类似，但是尖头一般不太锐利，锥角也没有圆钉锐利。

小贴士 从色泽与外观上来看，水泥钉还可以分为黑水泥钉、蓝水泥钉、彩色水泥钉、沉头水泥钉、K 形水泥钉、T 形水泥钉、镀锌水泥钉等。

材料选购

鉴别铁钉质量的最好方法就是将其钉入实心砖墙或混凝土墙体中，优质产品钉入实心砖墙比较轻松，钉入混凝土墙体稍显费力，而劣质产品钉入混凝土墙体会感到阻力较大，甚至发生弯曲。

气排钉 **16.7**

　　气排钉又被称为气枪钉，材质与普通圆钉相同，是装修气钉枪的专用材料，根据使用部位可分为多种形态，如平钉、T形钉、马口钉等。气排钉之间使用胶水粘接，钉子纤细，截面呈方形，末端平整，头端锥尖。

　　在家居装修中，气排钉已成为木质工程的主要辅材，用于钉制各种板式家具部件、实木封边条、实木框架、实木或石膏板构造等。经气钉枪钉入木材中而不露痕迹，不影响木材继续刨削加工及表面美观，且钉接速度快，质量好，因此应用范围十分广泛。

　　气排钉常用长度的规格为 10 ~ 50mm 不等，产品包装以盒为单位，标准包装每盒 5000 枚，价格根据长度规格而不等，常用的 25mm 气排钉的价格为6 ~ 8 元 / 盒。

小贴士　　气排钉要配合专用气钉枪使用，通过空气压缩机加大气压推动气钉枪发射气排钉，隔空射程可达 20m 以上。

材料选购

　　选购气排钉时要注意，有一些厂家的包装盒大小统一，但内部包装的气排钉规格不一，每盒价格相差不大，即较长的气排钉包装数量少，较短的气排钉包装数量多。另外，还有高档不锈钢产品，其价格仍要贵 1 倍以上。

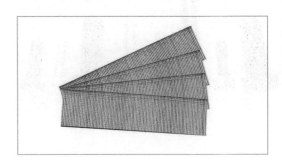

16.8 螺栓

螺栓常见于机械、电器及建筑装饰构造上，一般为金属制造，呈圆柱形，上端带有帽头，表面刻有螺旋状的凹凸槽口，可以配合螺母锁紧各种带有孔洞的物件。螺栓的顶部帽头直径较大，呈圆形或多边形，使用螺栓刀或扳手可以转动螺栓，紧固物件。螺栓可以随意拆除或重新紧固，相对于钉子能提供更大的力量，可以重复使用。

螺栓常用的长度规格主要有 10mm、20mm、25mm、35mm、45mm、60mm 等，每增加 5 ~ 10mm 为一个单位型号。

小贴士 螺栓要根据连接对象来选用，对于连接力度大的物件，应该选用粗螺纹螺栓，轻巧的物件可以选用细螺纹螺栓，固定时不能用力过大，否则会造成螺纹磨损，影响使用效果。

材料选购

选购螺丝时，要检查螺丝的外观是否正常，螺母是否倾斜，螺栓牙螺纹，是否过通止规等的检查。螺栓的好坏与生产设备的好坏有紧密关系，所以要选择优质的品牌。

螺钉 16.9

螺钉是头部具有螺纹的紧固件，钉头开十字凹槽、一字槽、内三角槽、内角四方等槽形，施工时需要配合使用各种形状的螺丝刀，能应用到各个行业。

在装修中，螺钉可以使木质构造之间的衔接更紧密，不易松动脱落，也可以用于金属与木材、塑料与木材、金属与塑料等不同材料之间的连接。螺钉主要用于板材、家具零部件装配，应根据使用要求而选用适合的样式与规格。螺钉的常用长度规格为 10 ~ 120mm 等，其中每增加 5 ~ 10mm 为一个单位型号。螺钉销售仍以盒为单位，具体价格根据规格而不同，一般多为 5 ~ 10 元 / 盒，根据不同规格每盒 10 ~ 100 枚不等，如果条件允许，可以选用不锈钢螺钉，强度与防锈性能都要高很多，价格比传统螺钉贵 1.5 ~ 2 倍。

小贴士　螺钉的尾部有尖头和平头的，尖头的螺钉可以直接用螺丝刀钻入到需固定的物体上，而平头的则需配合螺母或用电钻机事先打孔使用。

材料选购

选购时要注意，选择的不锈钢螺钉的耐腐蚀性能和耐热性能是否良好；性能是否高；是否可以进行热处理强化；生产工艺方面对材料加工性能方面的要求；不锈钢螺钉的规格、材料标准如何。

16.10 膨胀螺栓

膨胀螺栓又被称为膨胀螺钉，是将重型家具、构造、设备、器械等物件安装或固定在墙面、楼板、梁柱上所用的一种特殊螺纹连接件。膨胀螺栓主要由螺栓、套管、平垫圈、弹簧垫圈、六角螺母五大构件组成，一般采用铜、铁、铝合金金属制造，体量较大。膨胀螺栓主要采用优质钢材制作，对于重要的或特殊用途的螺纹连接件，也有选用机械性能较高的合金产品的。

膨胀螺栓的常用长度规格主要为 30 ~ 180mm，每增加 5 ~ 10mm 为 1 个单位型号，价格根据不同规格差距很大，如常用的长 80mm，直径为 8mm 的膨胀螺栓，价格为 1 元 / 枚左右，不锈钢产品价格则要贵 2 倍。

小贴士 膨胀螺栓的固定并不十分可靠，如果荷载有较大振动，可能发生松脱，因此不便用于安装吊扇等长时间运作的机械，也不便用在易产生振动的重物构造上。

材料选购

膨胀螺栓的选购方法与普通圆钉类似，但是膨胀螺栓的形态应该更加精致，尤其是六角螺母与螺栓之间的关系应该轻松自如但不松散。

烟斗合页

16.11

在家具构造的制作中使用最多的是家具柜门的烟斗合页，也称为弹簧铰链，它具有开合柜门和扣紧柜门的双重功能，主要用于家具门板的连接。它一般要求板厚度为 16 ~ 20mm，材质有镀锌铁、锌合金，弹簧铰链附有调节螺钉，可以上下、左右调节板的高度、厚度。

铰链有三种不同的安装方式：全遮（直弯）。门板全部覆盖住柜侧板，两者之间有一个间隙，以便柜门可以顺畅地打开。半遮（中弯）。在这种情况下，两扇门共用一个侧板，它们之间有一个所要求的最小间隙。每扇门的覆盖距离相应地减少，需要采用铰臂弯曲的铰链。内藏（大弯）。在这种情况下，门位于柜内，在柜侧板旁，它也需要一个间隙，以便门可以顺畅地打开，需要采用铰臂非常弯曲的铰链。

材料选购

选购烟斗合页时，要看外观。多拿几个铰链观看，看铰链的样子是否大致保持一致，很多差的铰链厂生产出来的铰链颜色不均匀，电镀不稳定，电镀层薄，这样就容易生锈。拿着铰链的铁杯，慢慢地像关门的样子关闭铰链，记得一定要慢，如果感觉铰链很顺，没有阻碍，连试几个都是很顺，那么这种铰链初步来说就合格了。

16.12 扇面合页

用于普通门扇的轻薄型铰链称为扇面合页，扇面合页材料一般为全铜和不锈钢两种，扇面合页又分为普通门扇面合页和大门扇面合页两种。

普通门扇面合页主要用于橱柜门、窗、门等，材质有铁质、铜质和不锈钢质。普通扇面合页的缺点是不具有弹簧铰链的功能，安装合页后必须再装上各种碰珠，否则风会吹动门板。大门扇面合页又分普通型和轴承型，普通型前面已讲过，轴承型从材质上可分铜质、不锈钢质。从目前的消费情况来看，选用铜质轴承合页的较多，因为其式样美观、亮丽，价格适中，并配备螺钉。

市场上还有其他种类的扇面合页，如玻璃合页、台面合页、翻门合页等。其中玻璃合页用于安装无框玻璃橱门，要求玻璃厚度不大于 6mm。

小贴士 为了在使用时开启轻松无噪声，应选合页中轴内含滚珠轴承的产品，安装合页时应选用配套螺钉。

材料选购

选购时要注意，优质的合页由于用料讲究，普遍质量较国产的合页重 20%~30%，表面电镀细腻、光滑。此外，优质的合页弹簧片边部处理得光滑、规整，且还专门加了尼龙保护装置。而许多劣质合页弹簧片边部没有经过打磨处理，有毛刺。

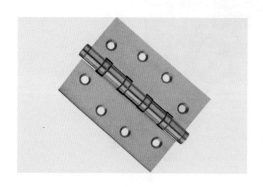

金属拉手 **16.13**

拉手在建筑装饰中用于家具、门窗的开关部位，是必不可少的功能配件。为了与家具配套，拉手的形状、色彩更是千姿百态。

拉手的色彩、样式繁多，在使用中要根据装饰风格来搭配，拉手不必十分奇巧，但一定要满足开启、关闭的使用功能，这应结合拉手的使用频率及它与锁具的关系来挑选。拉手要讲究对比，以衬托出锁与装饰部位的美感。拉手除有开启和关闭的作用外，还有点缀及装饰的作用，拉手的色泽及造型要与门的样式及色彩相互协调。应用时要确定拉手的材质、牢固程度、安装形式，以及是否有较大的强度，是否经得起长期使用。

小贴士 注意观察拉手的面层色泽及保护膜，有无破损及划痕。各种不同样式的拉手在安装时，需要使用不同规格直径的电钻头事先钻孔。

材料选购

选购拉手时应特别注意观察拉手的面层色泽及保护膜，有无破损及划痕。各种不同样式的拉手在安装时，需要使用不同规格直径的电钻头提前钻孔。

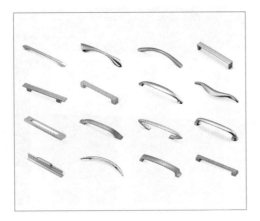

16.14 推拉门滑轨

推拉门滑轨是带凹槽的导轨，主要供梭拉门、窗的开关活动使用。

滑轨道一般采用铝合金、塑钢材料制作，配合吊轮使用。铝合金型材应用比较普遍，塑钢型材在使用中所产生的摩擦噪声相对较低。滑轮一般采用铜或铝合金为原材料，与30mm滑轨配套使用，并在滚轮上包裹橡胶，在使用中能降低噪声。

推拉门滑轨常用于衣柜门、梭拉门等。滑轨单根型材的长度规格为1.2~3.6m，截面边长为30mm，壁厚1.5mm以上。滑轨的价格为10~30元/m，吊轮的滚轮数量一般为偶数，如2、4、6、8等，价格为20~50元/个。

材料选购

选购推拉门滑轨时，要注重选择滑轨的材质。现在市场上销售的轨道材质不一，滑轨多为合金质地，优质滑轨由铜制成。如果门或窗的体积较小，重量又较轻，就可以选用较小巧一些的轨道，如果门或窗的重量较沉，就要选择加厚型轨道，确保安全、耐用。

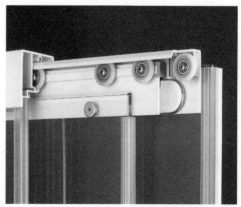

抽屉滑轨

16.15

抽屉滑轨是用于各种家具抽屉的开关活动配件，多采用优质铝合金、不锈钢制作。抽屉滑轨由动轨与定轨组成，分别安装在抽屉与柜体内侧两处。新型滚珠抽屉导轨分为二节轨、三节轨两种。

抽屉能够自由顺滑地推拉，全靠滑轨的支撑。应从滑轨的材料、原理、结构、工艺等方面来综合判定产品的质量。

滑轨的轨道材质不一，多为合金质地，也有一部分滑轨是铜质地，合金质地的滑轨又分为普通型和加厚型。如果门扇或抽屉重量较轻，可以选用较小巧一些的轨道，如果重量较沉，就要选择加厚型轨道，确保安全、耐用。滑轮是抽屉滑轨中不可忽视的配件，滑轮的外轮和轴承的质量决定了滑轮的质量。外轮多为尼龙纤维或全铜质地，铜质滑轮较结实，但拉动时有声音；尼龙纤维质地的滑轮拉动时没有声音，但不如铜质滑轮耐磨。高档品牌的滑轮上还装有防跳装置和磁铁，使用更安全。

抽屉滑轨常用规格长度有 300mm、350mm、400mm、450mm、500mm、550mm，价格为 10 ~ 50 元 / 套。

小贴士 外表油漆和电镀质地应该光亮，承重轮的间隙和强度决定了抽屉开合的灵活度和噪声，应挑选耐磨及转动均匀的承重轮。

材料选购

选购抽屉滑轨时，首先，观察外表油漆与电镀质地是否光亮，承重轮的间隙是否紧密，它决定着抽屉的灵活度。然后，应该挑选耐磨及转动均匀的承重轮，抽屉能否自由顺滑地推拉，全靠滑轨的承重轮支撑。接着，从滑轨的材料、结构、工艺等方面综合判定产品质量，其中滑轨轨道材质不一，多为合金质地，高档产品为不锈钢或铜质，而且有普通型与加厚型之分。最后，注重滑轨的轴承与外轮，外轮多为尼龙纤维或全铜质地，铜质滑轮较结实，但拉动时有声音，尼龙纤维质地的滑轮拉动时没有声音，但不如铜质滑轮耐磨。高档品牌的滑轮上还装有防跳装置与磁铁，使用上更为安全。

门锁 16.16

门锁就是用来把门锁住以防止他人打开的五金设备，现在主要有机械与电子两类产品。市场上所销售的门锁品种繁多，传统锁具又可以分为复锁与插锁两种。复锁的锁体装在门扇的内侧表面，插锁又被称为插芯锁，装在门板内。

门锁的锁芯一般为原子磁性材料或电脑芯片的锁芯，面板的材质是锌合金或不锈钢，舌头有防手撬、防插功能，具有反锁或者多层反锁功能，反锁后从门外面是不能开启的。面板材质为锌合金，因为锌合金造型多，表面经电镀后颜色鲜艳、光滑。组合舌的舌头有斜舌与方舌，高档门锁具有层次转动反锁方舌的功能。入户大门锁价格较高，一般为 200 ~ 500 元 / 件，高档密码锁价格在 600 元 / 件以上。

材料选购

选购门锁时，首先要看锁具的材质，从好到坏依次有铜、不锈钢、锌合金、铝、铁等，铜锁是最好的。然后要看安全性，最主要表现在锁芯、钥匙和锁体上，弹子眼少的锁芯，很容易被开启。最后观察锁体表面，锁体表面是否光洁有无影响美观的缺陷，钥匙是否平整光洁。还可将钥匙插入锁芯孔开启门锁看是否畅顺灵活，施力是否轻巧，声音是否清脆悦耳。

 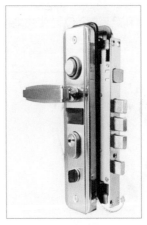 

16.17 门吸

门吸又被称为门碰，是门扇打开后吸住定位的五金装置，可以防止门扇被风吹或碰触后关闭。一般安装在门扇的下部，其中吸杆安装在墙面或地面上，吸头安装在门扇上。

门吸的质量主要体现在吸力上，选购时将门吸拿在手中，优质的产品需要用非常大的力气才能将其分离。优质的门吸大都为不锈钢材料制作，这种产品坚固耐用、不易变形。吸头中的减振簧应该具有一定的韧度，尽量购买造型敦实、工艺精细、减振性能较高的产品。

安装门吸时要注意在墙上选择合适的部位，要注意门吸上方有无暖气、储物柜等具有一定厚度的物品，避免出现门吸安装后长度不够导致出现无法使用的情况。

小贴士 清洁时，尽量不要弄湿金属镀件，先用软布或干棉纱除灰尘，再用干布擦拭，保持干燥。不可以使用有颜色的清洁剂，或用力破坏表面层。

材料选购

选购门吸时，最好选择不锈钢材质的，而且质量不好的门吸最容易在图上绿色箭头标识的地方断裂，所以购买时可以在这个位置使劲地掰一下，如果会发生形变，就不要购买。

防盗网 **16.18**

防盗网是起防护作用的金属网，多为网状，安装于门、窗、通风口等可被侵入的地方。防盗网是居民楼窗户最主要的安防措施，其主要作用是防止外来者从窗户侵入室内，防止室内人、物从窗户跌出。

防盗网是指起到家居防盗功能的一种物理结构产品，目前已知的防盗网多数采用的都是钢、铁、铝合金等材质。高端的紫外线防盗系统原则上也算是防盗网，但是在普通的居民领域应用得非常少，因而容易被人们所忽视。防盗网分为铁质防盗网、不锈钢防盗网、铝合金防盗网、隐形防盗网。

小贴士 不少防盗网小加工厂大量使用质量低劣的地条钢，软而脆，点焊加工，接触面积小，抗拉强度低，用钳子就可以拉开，防范功能大打折扣。

材料选购

选用防盗网时，首先要注意质量，然后再考虑是否美观，经得起实践检验的防盗网是首选。

17

胶凝材料

17.1 瓷砖胶

瓷砖胶又称陶瓷砖黏合剂，主要用于粘贴瓷砖、面砖、地砖等装饰材料，广泛适用于内外墙面、地面、浴室、厨房等建筑的饰面装饰场所。其主要特点是黏结强度高、耐水、耐冻融、耐老化性能好及施工方便，是一种非常理想的黏结材料。

瓷砖胶是以水泥为基材，采用聚合物改性材料等掺加而成的一种白色或灰色粉末胶粘剂。瓷砖胶在使用时只需加水即能获得黏稠的胶浆，它具有耐水、耐久性好，操作方便，价格低廉等特点。使用瓷砖胶粘贴墙面砖，在砖材固定5min内仍能旋转90°，而不会影响黏接强度。

由于瓷砖胶采用单组份包装，黏结强度不及AB型干挂胶，一般适用于粘贴自重不大的块材，如中等密度陶瓷砖或厚度小于或等于15mm的天然石材，粘贴高度应小于3m。瓷砖胶的包装规格一般为20kg/袋,价格为60～80元/袋，每袋粘贴面积一般为4～5m²。

材料选购

选购瓷砖胶时要注意：首先，辨别瓷砖胶粉料是否均匀。优质瓷砖胶产品如必优瓷砖胶，经由先进设备科学配比、充分搅拌，更能保障粉料均匀。然后，搅拌后感受瓷砖胶的黏稠度，按照产品配比要求加水，充分搅拌后观察瓷砖胶黏稠度。优质瓷砖胶中含有各种功能性添加剂，能够强化瓷砖胶黏结力，因此充分搅拌后的瓷砖胶呈均匀稠浆状。最后，看瓷砖胶的保水性。瓷砖胶中的水分流失太快会造成瓷砖胶的强度不够，因此好的瓷砖胶要有优异的保水性。

AB 干挂胶

17.2

AB 干挂胶全称为 TAS 型高强度耐水胶粘剂，是一种双组份的胶粘剂，分为 A、B 两种包装，使用时将两者混合使用，具有耐水、耐气候及耐多种化学物质侵蚀等特点。AB 干挂胶的强度较高，可在混凝土、钢材、玻璃、木材等材料表面粘贴石材或瓷砖。

AB 干挂胶具有很高的黏结强度，价格也更高。在使用时多采用点胶的方式铺装石材、瓷砖，即在铺装材料的背后与铺装界面上局部点涂 AB 干挂胶。

AB 干挂胶适用于潮湿墙面上铺装石材、砖材，尤其在家具、构造上局部铺装石材、瓷砖。铺装效率要比 AB 干挂胶更高，1 名熟练施工员每天可铺装 25m²。但是采用点胶的铺装方式不适合地面铺装，因为砖材与地面基层之间存在缝隙，受到压力容易破裂。AB 干挂胶的包装规格一般为 2 桶（A、B 各 1 桶），5kg/ 桶，价格为 100 ~ 200 元 / 组，每组粘贴面积一般为 4 ~ 5m²。

材料选购

选购 AB 干挂胶要注意，AB 干挂胶的基料为环氧树脂，配以固化剂，组成 AB 双组分胶粘剂，干挂胶的配比一般为 A ：B=1：1。目前市场上常用的干挂胶，在常温下（18~25℃）其适用期一般在 30min 左右，初干时间一般 2h 左右，完全固化一般需要 24~72h。通常情况下，AB 干挂胶在低温下（10℃以下）固化缓慢，若要提高固化速度则成本较高。

17.3 云石胶

云石胶基于不饱和聚酯树脂，适用于各类石材间的粘接或修补石材表面的裂缝和断痕，常用于各类型铺石工程及各类石材的修补、粘接定位和填缝。云石胶分为环氧树脂和不饱和树脂两种原料制作，不饱和树脂制作的云石胶的某种可以在潮湿的环境中固化，效果也很好。另外，云石胶性能的优良主要体现在硬度、韧性、快速固化、抛光性、耐候、耐腐蚀等方面。

云石胶耐候性强，不黄变。耐水煮性强，云石胶固化24h后，用水浸泡10h，然后沸水蒸煮5h，仍然保持强劲的黏结力。

材料选购

选购云石胶时需注意，好的云石胶应具备如下特点：良好的黏结性能，若云石胶所含树脂质量好、含量足，粉体结构细腻均匀，则黏结性好。良好的可抛光性能，云石胶的可抛光性，是指补胶、研磨、结晶抛光后，云石胶颜色与石材颜色基本一致。云石胶所含粉粒越细腻，可抛光性越好。良好的可调色性，云石胶的可调色性，是指调制时，颜色很容易达到均匀一致。云石胶所含粉粒越细腻，可调色性也越好。

白乳胶

17.4

白乳胶是一种水溶性胶粘剂，是由醋酸乙烯单体在引发剂作用下经聚合反应而制得的一种热塑性胶粘剂，可常温固化、固化较快、粘接强度较高，粘接层具有较好的韧性和耐久性，且不易老化。通常称为白乳胶或简称 PVAC 乳液，化学名称为聚醋酸乙烯胶粘剂，是由醋酸与乙烯合成醋酸乙烯，添加钛白粉（低档的就加轻钙、滑石粉等粉料），再经乳液聚合而成的乳白色稠厚液体。

由于具有成膜性好、粘接强度高、固化速度快、耐稀酸稀碱性好、使用方便、价格便宜、不含有机溶剂等特点，白乳胶被广泛应用于木材、家具、装修、印刷、纺织、皮革、造纸等行业，已成为人们熟悉的一种胶粘剂。白乳胶干燥快、初黏性好、操作性佳；粘接力强、抗压强度高；耐热性强。

小贴士　白乳胶是目前用途最广、用量最大的胶粘剂品种之一。

材料选购

选购白乳胶的时候要注意，有些桶上面标注有固含量，如果没有，可以直接问店员。一般家庭用的白乳胶，固含量在 30%~35% 为最佳。如果是 20%~25% 的，可用于较普通的木材粘贴。固含量越高，说明白乳胶里的水分就越少，它的粘合力就越强。

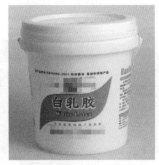

17.5 环氧树脂胶

环氧树脂胶即环氧树脂地板胶粘剂，也称为 HN-605 胶，其特性是粘接强度高、耐酸碱、耐水及其他有机溶剂，适用于各种塑料、橡胶等多种材料的粘接。

环氧树脂地板胶粘剂一般为双组份的胶粘剂，即分为 A、B 两种包装，使用时将两者混合使用。混合比例为胶粘剂：硬化剂 = 1：1，混合后一般应 1h 以内（15 ~ 25℃环境下）用完。环氧树脂地板胶粘剂可耐振动与冲击而不脱落，可在常温下硬化，无须特别加热及加压（加热可以增加硬化速度）。在硬化过程中，毫无挥发性气体之产生，硬化后之树脂无味、无臭、无毒，便于使用。

环氧树脂地板胶粘剂主要用于各种塑料地板、地胶铺装，也可以将塑料材料粘接在金属、玻璃、陶瓷、塑料、橡胶材料表面。环氧树脂地板胶粘剂的包装规格一般为 2 罐（A、B 各 1 罐），1 ~ 20kg/ 罐，其中 1kg 包装产品价格为 20 ~ 30 元 / 组。也有一些小包装产品用于日常维修保养，使用方便，价格低廉，一般为 3 ~ 5 元 / 件。

小贴士 最好戴编织手套或橡胶手套使用胶粘剂，以免不小心弄脏手。

材料选购

鉴别环氧树脂胶的方法：将试样溶解于硫酸，再加入浓硝酸，倒入大量的氢氧化钠溶液中，如呈黄色，一般为环氧树脂。该方法比较麻烦，可以直接选择一些知名的中高档胶粘剂厂家的环氧树脂胶。

氯丁胶

17.6

氯丁胶又称为强力万能胶，属于独立使用的特效胶粘剂，使用面广。目前，在装修领域使用较多的氯丁胶采用聚氯丁二烯合成，是一种以不含三苯（苯、甲苯、二甲苯）的高质量活性树脂及有机溶剂为主要成分的胶粘剂。

氯丁胶初始粘力大，大部分氯丁胶为室温固化接触型的产品，涂胶于表面，经适当晾置，合拢接触后，便能瞬时结晶，有很大的初始粘接力。

氯丁胶一般为单组份产品包装，使用方便，价格低廉。但是氯丁胶的耐热性较差，耐寒性不佳，稍有毒性，储存稳定性差，容易分层、凝胶、沉淀。氯丁胶适用于防火板、铝塑板、PVC板、胶合板、纤维板、有机玻璃板等多种材料的粘接，尤其常用于各种塑料板材之间的粘接。氯丁胶常用包装规格为每罐1kg、2kg、5kg、10kg、15kg等，其中1kg包装产品价格为20～30元/罐。

材料选购

选购氯丁胶时要注意选择正规生产厂家生产的产品，也可从颜色上辨别，一般优质的氯丁胶呈浅黄色液态，并且液体均匀。

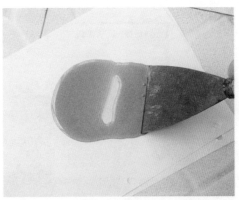

17.7 硬质 PVC 管道胶

硬质 PVC 管道胶种类很多，如 816 胶、901 胶等其他各种进口产品，这类胶粘剂主要由氯乙烯树脂、干性油、改性醇酸树脂、增韧剂、稳定剂组成，经研磨后加有机溶剂配制而成，具有较好的粘接能力与防霉、防潮性能，适用于粘接各种硬质塑料管材、板材，具有粘接强度高，耐湿热性、抗冻性、耐介质性好，干燥速度快，施工方便，价格便宜等特点。

硬质 PVC 管道胶主要用于 PVC 穿线管与 PVC 排水管接头构造的粘接，也可以用于 PVC 板、ABS 板等塑料板材粘接。常用包装有每罐 120g、250g、500g、1000g 等，其中 500g 包装的产品价格为 10 ~ 15 元 / 罐。

小贴士 　胶粘剂容器应该放置阴暗通风处，必须与所有易燃原料保持距离，并置于儿童拿不到的地方。

材料选购

PVC 胶粘剂的性质虽然与聚醋酸乙烯胶粘剂不同，但是选购方法却基本一致，购买当地市场上的正宗知名品牌即可。

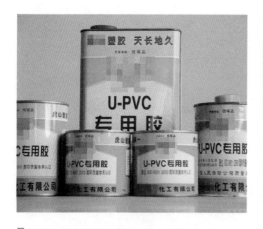

502 胶

17.8

502 胶是以 α－氰基丙烯酸乙酯为主，加入增黏剂、稳定剂、增韧剂、阻聚剂等，通过先进生产工艺合成的单组份瞬间固化胶粘剂。能粘住很多东西。

502 胶水为用于多孔性及吸收性材质之接着，用于钢铁、有色金属、橡胶、皮革、塑料、陶瓷、木材、有色金属、非金属陶瓷、玻璃及柔性材料像胶制品、皮鞋、软或硬塑胶等自身或相互间的粘合，但对聚乙烯、聚丙烯、聚四氟乙烯等难粘材料，其表面需经过特殊处理，方能粘接。广泛用于电器、仪表、机械、电子、光仪、医疗、轻工民用等行业。

小贴士　小面积粘上 502 胶，只要用热水浸泡一下就可以，如果大面积沾上 502 胶，涂上丙酮，大约等 5 ～ 10min 就可以除去。

材料选购

502 胶市面上比较常见，劣质商品也比较多，购买时要注意观察，不要购买到假冒伪劣产品。

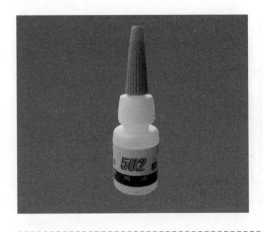

17.9 免钉胶

免钉胶是一种粘合力极强的多功能建筑结构强力胶。在国外普遍称为液体钉，国内叫免钉胶。

免钉胶在干固后，比铁钉的固定力度大。而且免钉胶是不含甲醛，无异味，由树脂原料合成的一种绿色环保产品。可以和任何材料粘接，无气味，不伤皮肤，永远不会变黑、发霉。干后可以打磨、上油漆。免钉胶比玻璃胶的成本要高出很多，价格相应也会高出很多。但是作为一种辅材，价格高一点也可以接受。

小贴士 为确保产品质量，建议客户在使用前将表面清洁干净，没有灰尘、油脂，没有积水和潮湿；同时需确保其中一面是吸收性材料且坚实，以保证粘贴效果。

材料选购

选购免钉胶时要注意，免钉胶本质上仍是万能胶的一种，含有甲醇等物质，对人体有害。氯丁胶型免钉胶的颜色为咖啡色，但是干了之后，咖啡色只限于表面，一经打磨会出现瓷白色。有部分商家加入添加剂做成白色，然而添加剂具有很强的化学成分，不利于人体健康。

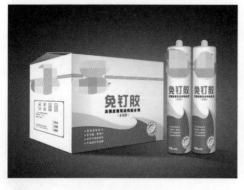

淀粉壁纸胶

17.10

淀粉壁纸胶是指专用于壁纸、墙布等材料粘贴的胶粘剂，是取代传统液态胶水的新型产品，其特点是粘接力好，无毒无害，使用方便，干燥快速。淀粉壁纸胶主要采用植物淀粉为原料生产，不含甲醛等有害物质，它具有经济实用、使用方便、强力配方、粘贴牢固等特性，其 pH 值呈碱性，粉末状态保存容易结块，胶液状态保存时间短，必须立即使用，其施工准备时间仅需要 5min。

现代壁纸胶一般为分解包装产品，即分为基膜、胶粉、胶水等 3 个包装。价格为 60 ～ 150 元 / 组，每组可铺装普通壁纸 12 ～ 15m²。此外，壁纸胶产品种类较多，很多为进口产品，如成品桶装胶，其成分不明，但价格却很高，具体可以根据实际条件选购。

材料选购

壁纸胶在生产过程中为了使产品有好的浸透力，通常采用了大量的挥发性有机溶剂，因此在施工固化期中有可能释放出甲醛、苯、甲苯、二甲苯、挥发性有机物等有害物质。因此建议购买时向销售商索要胶粘剂的有关检验报告，最好选择有质量信誉保证的名牌胶粘剂。

17.11 玻璃胶

玻璃胶是专用于玻璃、陶瓷、抛光金属等表面光洁材料的胶粘剂，由于应用较多，也是一种家居常备胶粘剂。玻璃胶的主要成分为硅酸钠、醋酸、机性硅酮等。

玻璃胶主要分为硅酮玻璃胶与聚氨酯玻璃胶两大类，其中硅酮玻璃胶是目前家居装修的主流产品，从产品包装上可分为单组分与双组分两类。单组分硅酮玻璃胶的固化是靠接触空气中的水分而产生物理硬化，而双组分则是指将硅酮玻璃胶分成 A、B 两组分别包装，任何一组单独存在都不能形成固化，但两组胶浆一旦混合就产生固化。

玻璃胶主要用于干净的金属、玻璃、抛光木材、加硫硅橡胶、陶瓷、天然及合成纤维、油漆塑料等材料表面的粘接，也可以用于光洁的木线条、踢脚线背面、厨卫洁具与墙面的缝隙等部位。玻璃胶常用规格为每支 250mL、300mL、500mL 等，其中中性硅酮玻璃胶 500mL 的价格为 10 ~ 20 元 / 支。

小贴士　　市场上常见的是单组份硅酮玻璃胶，按性质又分为酸性胶与中性胶两种。

材料选购

选购玻璃胶要注意品牌，用于用量不大，一般应选用知名品牌产品。在施工时应使用配套打胶器，并可用抹刀或木片修整其表面。硅酮玻璃胶的固化过程是由表面向内发展的，不同特性的玻璃胶表干时间和固化时间都不尽相同，所以若要对表面进行修补，必须在玻璃胶粘剂表干前进行。酸性胶、中性透明胶一般为 5 ~ 10min，中性彩色胶一般应在 30min 内。玻璃胶的固化时间是随着粘接厚度增加而增加的，如涂抹 12mm 厚的酸性玻璃胶，可能需 3 ~ 4 天才能完全凝固，但约 24h 左右就会有 3mm 的外层固化。玻璃胶粘剂未固化前可用布条或纸巾擦掉，固化后则需用美工刀刮去或二甲苯、丙酮等溶剂擦洗。

17.12 建筑胶水

　　建筑胶水是以聚乙烯醇、水为主要原料，加入尿素、甲醛、盐酸、氢氧化钠等添加剂制成的胶水。一般认为，901建筑胶水中所含甲醛较少，基本在国家规定的范围以内，相对于传统107建筑胶水与801建筑胶水而言较为环保，也是目前家居装修墙面施工基层处理的主要材料。

　　901建筑胶水是传统801建筑胶水是107建筑胶水的改良产品，是在生产107建筑胶水过程中加入了一套生产工序，即用尿素缩合游离甲醛成尿醛，目的是减少游离甲醛含量，表现为刺激性气味减少，但是很多厂家的生产设备达不到标准，游离甲醛不会被缩合彻底，且尿醛很容易还原成甲醛与尿素。901建筑胶水主要在生产工艺上进一步提高，传统801建筑胶水的固含量为6%，而901建筑胶水的固含量为4%，在储存、施工过程中，尿醛不会再轻易还原成甲醛与尿素而污染环境。

　　901建筑胶水的常用包装规格为每桶3kg、10kg、18kg等，常见的18kg桶装产品价格为60～80元/桶，知名品牌正品的价格为120～150元/桶，其产品质量有保证。

小贴士　　使用时，在施工现场将胶粘剂和水泥以一定质量比均匀搅拌成软物质直接使用，不能将配制品长时间存放。雨天不能施工。

材料选购

选购时注意，优质建筑胶水打开包装后无任何异味，搅拌时黏稠度适中，质地均匀且呈透明状。对于通风道或金属、木材等基层或高温环境不宜采用普通水泥基胶粘剂，应选用膏状建筑胶粘剂或柔韧性水泥砂浆。对于液体类和膏状胶粘剂除了考虑其物理性能指标外，还应检查其环保性能，是否含有甲醛、甲苯、二甲苯等有害物质。对于粉状胶粘剂基本不用考虑环保性能，因为甲醛、甲苯、二甲苯等有害物质不会存在干粉料内。

17.13 糯米胶

湿胶，又称日本湿胶，是一种壁纸专用的高性能接着剂，它最早是在日本兴起并传入其他地区，因而在行内又称为"日本胶"。

湿胶以其生产原料区分，可分为糯米胶和植物淀粉胶两种。糯米胶也称江米胶（南方称糯米，北方称江米），是用纯天然糯米或江米为原料，经过糯米净化、研磨、干燥等十二道工序而形成的环保胶粘剂。适用范围广，黏性长。

糯米胶融合了日本尖端化工研究所技术，并由国内高科技研究所提升改造配方所得的成果，是以纯天然食用糯米为主原料，它同时还是一种使用方便的纯天然胶粘剂，开胶时只需加水搅拌均匀即可使用，无须另外添加增黏胶浆。在粘贴厚重墙纸时更显优越性能。

糯米胶黏性好、无毒、无异味、环保健康；维修率低；使用面广，几乎适用于所有的壁纸类型。目前糯米胶经国内配方改造提升已做到 −20℃抗冻储藏，受冻 15 天，化开仍能正常使用。最佳储藏条件：5~35℃的阴凉干爽环境中，避免阳光直射。

第二代糯米胶是一种壁纸专用的高性能淀粉胶粘剂，之所以有别于传统糯米胶，是因为第二代糯米胶实现了"真糯米"与"不发霉"二者的有机统一。传统糯米胶受制于技术和工艺，无法兼顾二者，第二代糯米胶通过技术攻关，结合严苛制胶工艺，采用物理降纤、生物去糖、去蛋白及定向改性技术，实现了糯米胶性能的四大升级（黏性升级、抗冻性能升级、抗菌能力升级和施工体验升级），保证了原料纯正的同时赋予胶液强大粘力，使之安全、易用、绿色、天然。第二代糯米胶开胶时只需加水搅拌均匀即可使用，无须另外添加增黏胶浆，在粘贴厚重墙纸时更显优越性能。

小贴士　糯米胶适用于粘贴各类壁纸、壁布，特别是工艺要求高的纯纸、金箔纸等。尤其适用于家庭装修及高档别墅装修。

材料选购

选购糯米胶时，切勿选择低价的、所谓"进口"的糯米胶，糯米胶市场已趋于成熟，价格也稳定于一个比较健康的正常区间，当市场上出现特别低价或特别高价的糯米胶时，就得慎重选择，这些糯米胶极有可能就是劣质工业胶水或者假冒的"进口胶"。在选购糯米胶时，需认准行业内比较知名的大品牌。

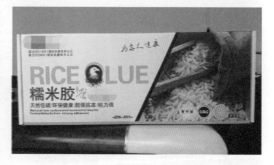

17.14 聚氨酯泡沫填充剂

聚氨酯泡沫填充剂全称为单组分聚氨酯泡沫填缝剂，又称为发泡剂、发泡胶、PU填缝剂，是采用气雾技术与聚氨酯泡沫技术交叉的产品。它是一种将聚氨酯预聚物、发泡剂、催化剂等物料装填于耐压气雾罐中的特殊材料。当物料从气雾罐中喷出时，沫状的聚氨酯物料会迅速膨胀并与空气或接触到的基体中的水分发生固化反应，从而形成泡沫。固化后的泡沫具有填缝、粘接、密封、隔热、吸声等多种效果，是一种环保节能、使用方便的装修填充材料。

聚氨酯泡沫填充剂适用于密封堵漏、填空补缝、固定粘接、保温隔声，尤其适用于成品门窗与墙体之间的密封堵漏及防水。它具有施工方便快捷、现场损耗小、使用安全、性能稳定、阻燃性好等优势，可粘附在混凝土、涂层、墙体、木材及塑料表面。聚氨酯泡沫填充剂常用包装为每罐500mL、750mL，其中750mL包装的产品价格为15～25元/罐。

小贴士 禁止刺穿、燃烧料罐及空罐，施工时远离火源和热源，罐体温度不得超过45℃，不可倒置，正常状态下罐体处于压力状态，处置不当会有爆裂危险，未固化泡沫具有刺激性。

材料选购

　　选购聚氨酯泡沫填充剂时，有条件的可以切开泡沫，看泡孔，泡孔均匀细密为良好泡沫，如泡孔很大，并且密度不好则为次品。看聚氨酯发泡剂的泡沫表面，好的泡沫表面呈沟状，光滑但光泽不是很亮；差的泡沫表面平整，有褶皱。看聚氨酯发泡剂发泡的大小，好的泡沫发泡饱满浑圆；差的泡沫发泡小，并且呈现坍塌。用手按泡沫，泡沫富有弹性，则为好的泡沫；差的泡沫没有弹性。看聚氨酯发泡剂的粘接性，好的泡沫粘接力强，差的则粘接力差。

18

洁具

18.1 洗面盆

洗面盆是卫生间必备洁具，其种类、款式、造型非常丰富，洗面盆可以分为台盆、挂盆、柱盆，而台盆又可分为台上盆、台下盆、半嵌盆。传统的台下盆价格最低，能满足不同的消费需求，最近流行的台上盆造型就更丰富了。洗面盆价格相差悬殊，档次分明，从几十元到过万元的产品都有。

影响洗面盆价格的主要因素有品牌、材质与造型。普通陶瓷洗面盆价格较低，而用不锈钢、钢化玻璃等材料制作的洗面盆价格比较高。其中陶瓷洗面盆使用频率最多，占据90%的市场，陶瓷材料保温性能好，经济、耐用，但是色彩、造型变化较少，基本都是白色，外观以椭圆形、圆形、方形为主。

小贴士　高品质的洗面盆其釉面光洁，没有针眼、气泡、脱釉、光泽不匀等现象，用手敲击陶瓷声音比较清脆。而劣质的则常有砂眼、气泡、缺釉，甚至有轻度变形，敲击时发出的声音较沉闷。

材料选购

在选购洗面盆时应根据卫生间环境与生活习惯来确定洗面盆的款式，卫生间面积较小，一般选购立柱洗面盆，卫生间较大，可以选购台盆并自制台面配套，但目前比较流行的是厂家预制生产的成品台面、浴室柜及配套产品，造型美观，方便实用。

蹲便器

18.2

蹲便器是指使用时以人体取蹲式为特点的便器。蹲便器分为无遮挡和有遮挡两类；蹲便器结构分为有返水弯和无返水弯两类。

蹲便器具有安全、防臭、清洁、省事、节水、美观、前卫的优点，广泛应用于各种公共场合。

蹲便器按类型分为挂箱式、冲洗阀式，按用水量分为普通型、节水型，按用途分为成人型、幼儿型。成人型：长 610mm、宽 455mm；幼儿型：长 480mm、宽 400mm。进水口中心至完成墙的距离不应小于 60mm。任何部位的坯体厚度不应小于 6mm。所有带整体存水弯卫生陶瓷的水封深度不得小于 50mm。

小贴士　在安装时，蹲便器所有与混凝土接触的部分要填上沥青或油毡等弹性材料，否则因水泥膨胀会导致产品破裂。

材料选购

从卫生角度来讲，主卫生间一般采用坐便器，客用卫生间一般选用蹲便器；卫生间较大的家庭，还可选择男用的小便器，这样既利于清洁，又能节约用水。到市场挑选应注意五个步骤：看、摸、掂、比、试。

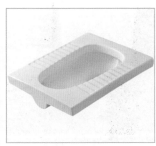

18.3 坐便器

坐便器又称为抽水马桶，是取代蹲便器的一种新型洁具，主要采用陶瓷或亚克力材料制作。

坐便器按结构可分为分体式坐便器和连体式坐便器；按下水方式分为冲落式、虹吸冲落式和虹吸漩涡式。冲落式及虹吸冲落式排水量约 6L 左右，排污能力强，只是冲水时噪声大；漩涡式一次用水 8 ～ 10L，具有良好的静音效果。近年来，又出现了微电脑控制的坐便器，需要接通电源，根据实际情况自动冲水，并带有保洁功能。

小贴士 观察坐便器是否有开裂，即用一根细棒轻轻敲击瓷件边缘，听其声音是否清脆，当有"沙哑"声时就证明瓷件有裂纹。

材料选购

选择坐便器，主要看卫生间的空间大小。分体式坐便器所占空间大些，连体式坐便器所占空间要小些。另外，分体式坐便器外形要显得传统些，价格相对便宜；连体式坐便器要显得新颖、高档些，价格也相对较高。国家规定坐便器排水量需在 6L 以下，现在市场上的坐便器多数是 6L 的，许多厂家还推出了大小便分开冲水的坐便器，有 3L 和 6L 两个开关，这种设计更利于节水。从卫生角度来讲，主卫生间一般采用坐便器，客用卫生间一般选用蹲便器。

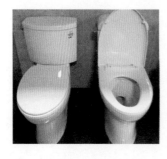

小便器 18.4

小便器多用于公共建筑的卫生间。现在有些家庭的卫浴间也装有小便器。

小便器按结构分为冲落式、虹吸式，按安装方式分为斗式、落地式、壁挂式，按用水量分为普通型、节水型、无水型。用冲洗阀的小便器进水口中心至完成墙的距离不应小于60mm。任何部位的坯体厚度不应小于6mm。水封深度所有带整体存水弯卫生陶瓷的水封深度不得小于50mm。

一般市场上小便器挂式低档的价格为200～1300元，落地式的价格为800～2000元。同一厂家的产品，因型号不同价格也有很大差别。所列主要为白釉产品。

小贴士 落地式陶瓷小便器笨重、费料、易溅尿，逐渐被挂式陶瓷小便器取代。

材料选购

选购小便器时要注意，用冲洗阀的小便器进水口中心至完成墙的距离不应小于60mm，任何部位的坯体厚度不应小于6mm，所有带整体存水弯卫生陶瓷的水封深度不得小于50mm。观察其是否易清洗：仔细观察表面，在灯光下看是否泛光，再用手摸一下表面，应光洁、平滑、色泽晶莹；没有明显的针眼、缺釉和裂缝；轻击表面，声音清脆悦耳，无破裂声，外形无变形等。

18.5 淋浴花洒

淋浴花洒又称淋浴喷头，主要有3种形式：手持花洒、头顶花洒和侧喷花洒。花洒根据出水方式的不同功能也有所差异，比较常见的出水功能模式有：按摩式：水花强劲有力，间断性倾注，可以刺激身体的每个穴道；强束式：水流出水强劲，能通过水流之间的碰撞产生雾状效果，增加洗浴乐趣；一般式：即洗澡基本所需的淋浴水流，适合用于简单快捷的淋浴；涡轮式：水流集中为一条水柱，使皮肤有微麻微痒的感觉，此种洗浴方式能很好地刺激、清醒头脑。

一套完整的花洒包括花洒头、花洒柱和软管。其中，双洒配置的较多，包括一个头顶花洒和一个手持花洒；单一手持花洒的单洒配置也不少见；豪华配置的花洒除了头顶花洒和手持花洒外还有一个或多个侧喷花洒，起到腰部按摩的作用。顶洒的形状以圆形最为普遍，还有独具特色的方形、洒脱随意的星形等。

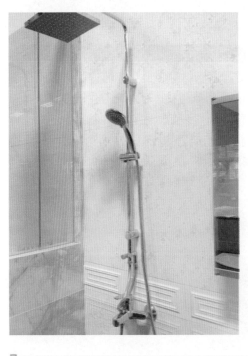

小贴士　淋浴比使用浴缸的盆浴更省水、省空间，比较符合环保理念。在公共浴场、更衣室等不便安设浴缸的地方，淋浴更是首选。

材料选购

选购淋浴花洒时要注意，花洒的电镀层好坏，决定着它的外观的美观及寿命。好的花洒，有多层电镀，外表面平整、光滑，线条优美，使用多年也不会生锈。花洒的水嘴质量也关系着其使用寿命。品质优良的花洒出水嘴一般采用优质的硅胶为原材料，环保健康，不容易堵塞，有污垢时比较好清洁。浴管是整个花洒最长的部分，挑选时也应注意这个部分。淋浴管壁越厚，质量越好，越耐用。

18.6 淋浴房

淋浴房又称为淋浴隔间，是充分利用室内一角，用围屏将淋浴范围清晰划分出来形成的相对独立的洗浴空间。

淋浴房按形式可分为转角形淋浴房、一字形淋浴房、圆弧形淋浴房、浴缸上淋浴房等；按底盘的形状分为方形、全圆形、扇形、钻石形淋浴房等；按门结构分为移门、折叠门、平开门淋浴房等。目前，市场上比较流行整体淋浴房，带蒸汽功能的整体淋浴房又称为蒸汽房。普通淋浴房价格为2000～5000元/件，整体淋浴房价格很高，甚至达2万元/件。

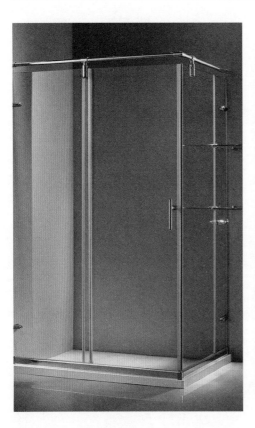

小贴士　淋浴房底座所使用的板材主要是亚克力，而复合亚克力板中使用的玻璃纤维含有甲醛，容易造成污染。如果亚克力板的背面与正面不同，比较粗糙，就属于复合亚克力板。

材料选购

选购淋浴房要注意识别质量。首先，观察玻璃，看玻璃是否通透，有无杂点、气泡等缺陷，玻璃原片上是否有 3C 标志认证。然后，观察金属配件，看铝材的表面是否光滑，有无色差、砂眼，并注意剖面的光洁度。接着，观察连墙配件的调节功能，墙体的倾斜与安装的偏移会导致玻璃发生扭曲，从而发生玻璃自爆现象。最后，观察淋浴房的水密性，主要观察的部位是淋浴房与墙的连接处、门与门的接缝处、合页处、淋浴房与底盆的连接处、胶条处等。

18.7 浴缸

浴缸是安装在卫生间内的洗浴设备，一般放置在面积较大的卫生间内，靠墙角布置，洗浴时需要注入大量的水，可根据不同生活习惯来选购使用。

浴缸布置形式有搁置式、嵌入式、半下沉式三种。搁置式浴缸一般将浴缸靠墙角搁置，施工方便，容易检修，适用于地面已装修完毕的卫生间。嵌入式浴缸是将浴缸嵌入台面，台面有利于放置各种洗浴用品，但占用空间较大。半下沉式浴缸是将浴缸的一部分埋入地下或带台阶的高台中，浴缸上表面比卫生间地面或台面高约300mm，使用时出入方便。

小贴士 要注意浴缸尺寸与卫生间面积是否匹配，同时也应与使用者的身高相适应，浴缸长度一般应大于或等于1350mm。

材料选购

选购浴缸要注意识别质量。首先，观察表面，注意产品的光泽度，抚摸表面平滑度。通过表面光泽了解材质的优劣，适合于任何一种材质的浴缸。劣质产品表面会出现细微的波纹。然后，可以按压浴缸，浴缸的坚固度关系到材料的质量与厚度。接着，敲击浴缸，仔细听声音，优质产品应干脆、硬朗。对于按摩浴缸，可以接通电源，仔细听电动机的噪声是否过大。最后，关注售后服务，如是否提供上门测量、安装服务等。

水槽 18.8

水槽又称为洗菜盆，是专用于厨房橱柜安装的洁具。厨房水槽品种繁多，按款式分单盆、双盆、大小双盆、异形双盆等。目前，多数水槽都采用不锈钢材料制作，不锈钢材质表现出来的金属质感颇有些现代气息，更重要的是不锈钢易于清洁，面板薄、重量轻，而且还具备耐腐蚀、耐高温、耐潮湿等优点。中档不锈钢水槽的价格为 500 ～ 1000 元 / 件。

不锈钢水槽耐酸、耐碱、耐氧化，经久耐用，表面美观，能经常保持光亮如新。材料坚固而有弹性，耐冲击和磨损，不损伤被清洗器皿。且实用功能多，轻便，通过精密加工，可制成不同造型款式，能与各类不同厨房台面配套。不锈钢水槽底部喷上涂层，这是为了防温差凝露，保护橱柜，同时可以降低落水噪声。

小贴士 　根据使用台面宽度决定水槽宽度，一般水槽的宽度应为橱柜台面减去 100mm 左右。不锈钢板水槽的厚度以 0.8 ～ 1.0mm 为宜，过薄会影响水槽使用寿命和强度，过厚会失去强性，容易损害洗涤的器具。不锈钢表面以哑光处理为佳。

材料选购

选购不锈钢水槽要注意识别质量。

18.9 水龙头

水龙头又被称为水阀门，是用来控制水流开关、大小的装置，具有节水的功效。水龙头的更新换代速度非常快，从传统的铸铁龙头发展到电镀旋钮龙头，又发展到不锈钢双温双控龙头，现在还出现了厨房组合式龙头。

水龙头种类较多，按结构主要可以分为单联式、双联式、三联式等。单联式连接冷水管或热水管，多用于厨房水槽，还有能够单独提供热水的加热龙头；双联式可同时连接冷、热两根管道，多用于卫生间洗面盆，以及有热水供应的厨房水槽水龙头；三联式除了连接冷、热水两根管道外，还可以连接淋浴喷头，主要用于浴缸或淋浴房。

小贴士 普通水龙头外表面一般经过镀铬处理。在光线充足的情况下，可将产品放在手中，再伸直距离观察，龙头表面应明亮如镜、无任何氧化斑点、烧焦痕迹；用手按一下龙头表面，指纹应很快散开，且不易附着水垢。

材料选购

在家居装修中，水龙头的使用频率最高，产品门类丰富，价格差距也很大，普通产品的价格范围为 50 ~ 200 元不等，高档产品甚至达到上千元，选购时还需谨慎。

地漏 18.10

地漏是连接排水管道与室内地面的接口材料，是厨房、卫生间、阳台排水的重要器具。地漏的好坏直接影响住宅室内的空气质量，优质的产品能够有效消除室内异味。

优质地漏具备排水快、防臭味、防堵塞、免清理等优势。其中防臭地漏带有水封，这是优质产品的重要特征之一，水封深度可以达到50mm。侧墙式地漏、带网框地漏、密闭型地漏一般不带水封。防溢地漏、多通道地漏大多数带水封，选用时应该根据安装部位来选择。对于不带水封的地漏，应该在地漏排出管处制作存水弯。地漏的规格一般为80mm×80mm，带水封的不锈钢地漏价格为20～30元/件，高档品牌的产品可达50元/件以上。

小贴士　地漏的好坏主要从四个角度审核：排水速度、防臭效果、易清理性、耐用程度。

材料选购

选购地漏时要注意识别质量，识别与保养方法与水龙头相当。

19

灯具

19.1 白炽灯

白炽灯是常用的照明器具，它是将灯丝通电加热到白炽状态，利用热辐射发出可见光的电光源。

白炽灯的灯丝为螺旋状钨丝（钨丝熔点为 3000℃），通电后不断将热量聚集，使得钨丝的温度达 2000℃以上，钨丝处于白炽状态而发出光来，灯丝的温度越高，发出的光就越亮。白炽灯发光时，大量的电能将转化为热能，只有极少一部分转化为有用的光能。

白炽灯的灯泡外形有圆球形、蘑菇形、辣椒形等，灯壁有透明与磨砂两种，底部接口多为螺旋形，接口有大、小两种规格。常用白炽灯的功率有 5W、10W、15W、25W、40W、60W 等，其中 25W 的普通白炽灯价格一般为 3 ~ 5 元 / 个。

小贴士 白炽灯工作状态稳定，在额定电压下燃点时，其平均寿命不低于 1000h。

卤素灯

19.2

卤素灯泡，简称为卤素泡或者卤素灯，又称为钨卤灯泡、石英灯泡，是白炽灯的一个变种。原理是在灯泡内注入碘或溴等卤素气体，在高温下，升华的钨丝与卤素进行化学作用，冷却后的钨会重新凝固在钨丝上，形成平衡的循环，避免钨丝过早断裂。因此卤素灯比白炽灯更长寿。卤素灯供电电压通常分为交流 220V 和 12V 两种。

卤素灯是白炽灯的改进品，它保持了白炽灯所具有的优点：简单、成本低廉、亮度容易调整和控制、显色性好（Ra=100）。同时，卤素灯克服了白炽灯的许多缺点，如使用寿命短、发光效率低（一般只有 6% ~ 10% 可转化为光能，而其余部分都以热能的形式散失）。

卤素灯通常用于需要集中照射的场合，用于数控机床、轧机、车床、车削中心和金属加工机械，汽车前灯、后灯，以及家庭、办公室、写字楼等公共场所。

小贴士　安装卤素灯泡时，请将电源关掉，并利用塑料套保护灯泡玻璃壳清洁，不要用手触摸，如不慎触摸，请用酒精擦拭干净。

19.3 节能灯

节能灯又被称为省电灯泡、电子灯泡、紧凑型荧光灯及一体式荧光灯，是指将荧光灯与镇流器组合成一个整体的照明设备。节能灯的尺寸与白炽灯相近，与灯座的接口也和白炽灯相同，所以可以直接替换白炽灯，是一种新型环保产品。

节能灯的工作原理与荧光灯类似，具有光效高（其光效是普通白炽灯的 5 倍，节能效果明显）、寿命长、体积小、使用方便等优点，如 5W 的节能灯光照度约等于 25W 的白炽灯。节能灯的灯管形式多样，不同的外形适应不同的装配需求，部分产品还在灯管外面再罩一个透明或磨砂的外罩，用于保护灯管，使光线柔和。节能灯有白、黄、粉红、浅绿、浅蓝等多种色彩。直管形节能灯的功率为 3 ~ 240W，其中 8W 的节能灯价格为 15 ~ 25 元 / 个。

材料选购

选购节能灯时，要选择好品牌。首先，选择适合的灯功率可根据原来所用白炽灯的功率来选择。然后，应注意产品标记，看制造厂名称和商标、型号、额定电压、额定功率是否齐全，标识应清晰而擦不掉，在每一个包装盒上除有上述标识外，还应有生产企业的详细地址和电话，以及产品质量符合的标准标号。

荧光灯 **19.4**

荧光灯又被称为低压汞灯，它是利用低气压的汞蒸气在放电过程中辐射紫外线，从而使荧光粉发出可见光的原理发光，从外形上主要可以分为条形、U 形、环形等种类。不同荧光粉发出的光线也不同，因此，荧光灯有白色与彩色等多种产品。荧光灯的发光效率远比白炽灯和卤素灯高，是目前最节能的环保光源。

条形荧光灯主要分为 T2、T3、T4、T5、T6、T8、T10、T12 等多种型号，其功率为 6 ～ 125W 不等。其中长 600mm 的 T4 型荧光灯管价格为 15 ～ 20 元 / 个。荧光灯品种繁多，选购时应该选择品牌、知名度较好且市场占有率较高的产品。

小贴士 由于荧光灯所消耗的电能大部分用于产生紫外线，因此，荧光灯的发光效率远比白炽灯和卤素灯高，是目前最节能的电光源。

材料选购

需注选择信誉度好的生产企业，以及品牌知名度较好、市场占有率较高的产品。灯具带电体不能外露，灯泡装入灯座后，手指应不能触及带电的金属灯头。

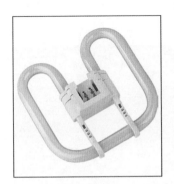

19.5 光纤灯

光纤灯由光源、反光镜、滤色片及光纤组成。当光源通过反光镜后，形成一束近似平行光，由于滤色片的作用，又将该光束变成彩色光，当光束进入光纤后，彩色光就随着光纤的路径送到预定的地方。由于光在途中的损耗，所以光源一般都很强。而且，为了获得近似平行光束，发光点应该尽量小，近似于点光源。反光镜是能否获得近似平行光束的重要因素，所以一般采用非球面反光镜。滤色片是改变光束颜色的零件，根据需要可以调换不同颜色的滤光片进而获得相应的彩色光源。

小贴士 需要注意的是，光纤灯的价格昂贵，其光源发生器目前没有其他产品可以替代。

材料选购

光纤灯的具体规格应该根据实际空间进行选购，一般以吊灯形式的产品居多，常用光源的功率为 150 ~ 250W，价格一般为 2000 ~ 5000 元 / 套。提醒消费者选购时应该注意，光纤灯的价格相对昂贵，因为其光源发生器目前无其他产品可以替代。安装光纤灯要用水平尺与铅垂线校正光纤的角度，保证照明的最终效果。应特别注意光纤灯基座的水平度，这样才能保证光纤垂挂的最终效果。

LED 灯

19.6

LED 灯也被称为发光二极管等，是一种能够将电能转化为可见光的半导体，它的基本结构是一块电致发光的半导体材料，置于一个有引线的架子上，四周用环氧树脂外壳密封，起到保护内部芯线的作用。LED 灯属于新型节能环保产品。

LED 灯点亮无延迟，响应时间快，抗振性能好，无金属汞毒害，发光纯度高，光束集中，体积小，无灯丝结构因而不发热、耗电量低、寿命长，正常使用在 6 年以上，发光效率可达 90%。LED 使用低压电源，供电电压为 6 ~ 24V，耗电量低，所以使用更为安全。目前，LED 灯的发光色彩不多，发光管的发光颜色主要有红色、橙色、绿色、蓝色、白色等。另外，有的发光二极管中包含 2 ~ 3 种颜色的芯片，可以通过改变电流强度来变换颜色，如小电流时为红色的 LED，随着电流的增加，可以依次变为橙色、黄色，最后为绿色，同时还可以改变环氧树脂外壳的色彩，效果丰富。

LED 灯的具体规格根据实际空间进行选用，常用的 LED 灯带的功率是 3.6 ~ 14.4W/m，单色 LED 灯带的价格一般为 10 ~ 15 元 /m。筒灯或射灯造型的 LED 灯价格一般为 20 ~ 50 元 / 个。

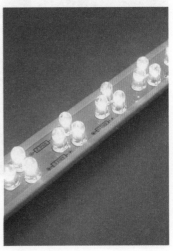

LED 灯带使用的 LED 恒定电流是 20mA，电源供给的电流必须保证不能大于这个恒定电流，否则会导致因为电源电流过大而把 LED 击穿，造成 LED 灯带的损坏。

材料选购

选购时要注意，选择抗静电能力强、波长一致的 LED。而 LED 是单向导电的发光体，如果有反向电流，则称为漏电。漏电电流大的 LED，寿命短，价格低。另外，LED 的亮度不同，价格也有所不同。